基于 BIM 的大型工程
全寿命周期管理

主编　张鹏飞

U0323286

同济大学 出版社
TONGJI UNIVERSITY PRESS

图书在版编目(CIP)数据

基于 BIM 的大型工程全寿命周期管理/张鹏飞主编.
--上海:同济大学出版社,2016.11
ISBN 978-7-5608-6600-0

Ⅰ.①基… Ⅱ.①张… Ⅲ.①建筑工程-工程项目
管理-研究 Ⅳ.①TU71

中国版本图书馆 CIP 数据核字(2016)第 269981 号

基于 BIM 的大型工程全寿命周期管理

张鹏飞 主编

策　　划: 赵泽毓
责任编辑: 马继兰
责任校对: 徐春莲
装帧设计: 陈益平

出版发行　同济大学出版社　www.tongjipress.com.cn
　　　　　(上海市四平路 1239 号　邮编:200092　电话:021-65985622)
经　　销　全国各地新华书店、建筑书店、网络书店
排版制作　南京新翰博图文制作有限公司
印　　刷　大丰科星印刷有限责任公司
开　　本　787mm×1092mm　1/16
印　　张　12
字　　数　300 000
版　　次　2016 年 12 月第 1 版　2016 年 12 月第 1 次印刷
书　　号　ISBN 978-7-5608-6600-0
定　　价　88.00 元

《基于 BIM 的大型工程全寿命周期管理》
编 委 会

主 编：张鹏飞

副主编：林 敏 张积慧

参 编：周 梦 邵成志 杨林晓 柴必成

前　言

随着建筑信息化的发展,传统建设生产和管理方式的低效性与浪费严重与当今高效化生产建设环境格格不入。为了改善建筑行业的种种弊端,近年来,建筑业不断从制造业、航空航天业等先进业引进和吸收有益的理论和技术,研究如何对传统的建设生产方式进行彻底改造。但事实上,目前的建设生产方式仍沿袭了过去的传统,割裂的生产方式并未得到根本改变。

信息化技术的发展和建筑软件的革新并未从根本上改变传统建设模式,也未带来建筑行业生产效率的重大变革。本书从这一结论出发,探索非技术因素在项目实施过程中的重要影响,尤其是对于大型复杂群体项目,实践过程中遇到众多实施难点,而传统建筑管理模式很难满足其需求,亟需引入新技术和管理模式提升效率和提高建(构)筑物的品质。

本书通过引入近几年在建筑行业已不陌生的信息管理技术——建筑信息模型(Building Information Modeling,简称 BIM),分析 BIM 在项目全过程的应用流程和引入后对传统项目管理模式的影响。在分析过程中,排除 BIM 应用环境和技术的阻碍因素,假定在理想的建设环境下,BIM 在实践过程中与项目全寿命周期的管理充分融合,设计融合后建设过程。

通过设计调查问卷和对实践案例的分析,得出 BIM 在实践过程中实际的价值点和实践应用中存在的问题,为今后的 BIM 研究提供基础和参考。

本书主要面向广大建设、设计、施工、监理单位从事 BIM 技术应用工作的同志以及高校师生等广大读者。欢迎读者批评指正。

目　录

第1章 绪 论

1.1 研究背景

一种生产模式的起源、发展、消亡必然有其依赖的特殊环境条件,随着环境的改变,旧的生产模式的生命力会逐渐削减,逐渐被新的生产模式所取代。建筑业的生产模式也不例外,当旧的建设生产模式不再能满足工程建设的客观需求,建筑业的生产模式也必将在内因和外因的共同作用下发生改变。建筑业生产模式的变化必然催化新的管理模式的诞生。

1.1.1 传统建筑生产模式的低效性

建筑业是国民经济的支柱产业,然而与其他行业相比,建筑业的生产效率始终停留在一个较低的水平。美国劳工部的统计数字显示,过去 20 年(1987—2006 年),建筑业的劳动生产效率非但没有提高,反而下降了,详细的变化趋势如图 1-1 所示。

随着科学技术发展步伐的不断加快,信息技术的应用已经渗透到各个领域,建筑行业对于信息技术的应用成为必不可少的工具。与传统的建筑业工作方式相比,信息化的建筑施工工具有不可替代的优势,它从根本上改造了原有的管理体制及生产方式,为企业带来了极大的市场竞争力,让企业有能力应对信息化的挑战。

近年来,BIM 技术应用越来越受到国内外建筑设计企业、施工企业、科研机构和政府等部门的关注,各大知名软件厂商也纷纷推出 BIM 系列软件。在发达国家,以 Autodesk Revit 为代表的三维建筑信息模型(BIM)软件已逐步开始普及应用,相关调查结果显示:截至 2009 年,北美建筑行业有一半的机构在使用建筑信息模型(BIM)或与 BIM 相关的工具——这一使用率在过去两年里增加了 75%。在欧洲、日本及我国香港地区,BIM 技术已经广泛用于各类型房地产开发,BIM 技术将引领建筑信息技术走向更高层次,被认为将为建筑业的科技进步产生无可估量的影响,大大提高了建筑工程的集体化程度。

全球著名的建筑成本顾问公司威宁谢(Davis Langdon)的统计显示,在 2002 年至 2008 年间,全球建筑行业的投入成本增加了约 55%,而社会平均生产物价指数只增加了 30%,社会平均消费者物价指标只增长了 22% 左右,如图 1-2 所示,这意味着如果业主想得到同样功能的建筑产品,需要付出越来越高的代价。

同样,建筑业是一个关系到我国国计民生的支柱性基础产业,目前,全球建筑业市场产值估计为 7.5 万亿美元,其中,我国 2010 年建筑业产值为 95 206 亿元。过去几十年中,航空、航天、汽车、电子产品等其他行业的生产效率使用新的流程与生产技术有了巨大的提高,虽然建筑技术也有了很大提升,但工作效率却没提高多少。

目前,全球土木建筑业存在两个亟待解决的问题:一是各种生产环节之间缺乏协同工

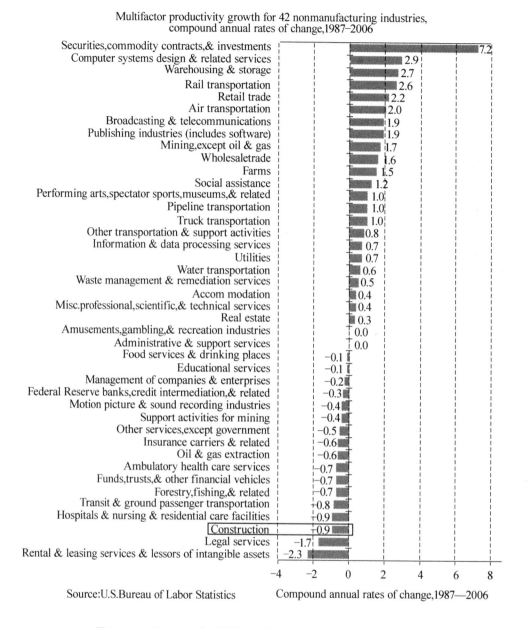

图 1-1 1987—2006 年间美国 42 个非制造业生产效率指数比较

（数据来源：US Dept. of Commerce，Bureau of Labor Statistics 2007）

作，以至于生产效率较低，资源浪费严重；二是重复工作不断，特别是项目初期建筑和结构设计之间的反复修改工作，造成生产成本上升。根据美国建筑行业研究院（Construction Industry Institute）的研究报告，工程建设行业的非增值工作（即无效工作与浪费）高达 57%，而制造业的这一比例仅为 26%。如果工程建设行业通过技术升级与流程优化等方式能达到目前制造业的效率水平，以 2009 年美国建筑业 11 000 亿美元的产值计算，每年可以节约 3 410亿美元。研究表明，建筑业约消耗了全球 40% 的原材料、40% 的能量（消耗了美国电力

比较施工投入与公布的PPI, CPI和《工程新闻纪录》的BCI

图 1-2 2002—2008 年建筑业投入指数、生产者物价指数和消费者物价指数的涨幅对比

（数据来源：http://www. davislangdon. com/upload/images/publications/USA/2009%20Market%20Update. pdf）

能源的 65.2%），约占大气污染排放量的 40% 以及占用土地供应的 20% 用于建设。低碳时代对建筑业生产效率的提升提出了更高的要求。

面临建筑行业的严峻挑战，大量的资源浪费，效率低下，技术和管理手段有待提升。

第一，建筑业产业链难以实现经济和社会效益的最大化。我国建筑业各个环节是割裂的，相互信息联通太少，造成了大量的资源、工作和资金的浪费；设计和施工难以协同，设施运营和后期管理更是从建筑的产业链上割裂开来，造成建设者和使用者之间巨大的沟通鸿沟。

第二，建筑体系越来越复杂，设计与施工难度日益增大。随着人们对建筑审美标准和功能要求的不断提高，异型建筑和规模庞大的建筑不断涌现；人们对建筑舒适性能、安全性能等要求在不断提高。

面临如此严峻的形势，近年来，建筑业不断研究如何借助这些理论和技术对传统建筑业进行改造，以求突破。

1.1.2 大型复杂建筑群体的发展趋势

随着建筑业的技术水平的不断提高，全球工程建设市场投资主体的多元化，社会需要的不断提升，出现了越来越多的大型复杂性工程，如北京奥运会工程项目、上海世博会项目等。仅以中国为例，2010 年中国投资额超过 50 亿元的大型复杂工程为 93 个，是 1995 年的近 8

倍,其中超过 1 000 亿元以上投资的项目有 12 个。

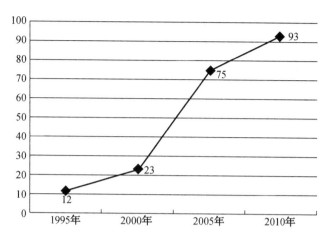

图 1-3　中国大型复杂工程项目增长曲线

大型复杂工程经常是由若干功能不一、结构各异的工程项目组成,具有工程量大、投资额高、技术复杂、工期较长且紧迫、质量要求高等特点。大型复杂工程项目规模大、建设环境动态多变,具有高度的政治、经济和社会敏感性,工程建设各子系统之间关联性加强和各方利益互动性明显。

大型工程的系统复杂性不仅在于其工程规模、工程环境、施工难度、工程技术等一般工程复杂性,而且还体现在由其自身特点所引发的相比工程物理层面更深刻的系统层面上的复杂性。大型复杂工程项目建设与管理本质上是一个多维度、多层次、多界面、多子系统的开放复杂的系统。

1.1.3　大型复杂建筑群体对传统建筑生产方式的挑战

大型复杂建筑群体对设计、生产过程提出了更高的要求。建筑业对环境有着重大的影响(NIBS,2007),复杂建筑群体对传统建筑生产方式的挑战主要体现在两方面。一方面,建筑群体本身正变得日趋复杂。建筑群体拥有的功能越来越多,内部构造越来越复杂,规模越来越庞大,建设过程中涉及的专业也越来越多。传统的建立在简单分工与合作基础上的建设生产模式已经无法高效地完成复杂设施的建设任务。加拿大的 Murray Associate 公司曾经对一个投资 1 000 万美元的建设项目作过统计,项目涉及几十种专业,参与的组织达到了420 家,产生的各类信息达 50 多种(Hendrickson,2003)。除了建筑设施本身正在变得日趋复杂外,建筑群体的建设环境,包括工程环境、施工工艺等也在变得日趋复杂,行业内的规范法规越来越多,技术更新越来越快,法律与环境问题越来越受关注,这些因素无疑都增加了建设项目群体的复杂性和不确定性。

另一方面,随着全球能源的日益紧缺和人类生存环境的不断恶化,社会对可持续建设的呼声越来越高,传统粗放低效的建设模式已经不再能满足社会发展的要求。此外,业主对建设生产的要求也在日益提高,他们希望降低建筑产品的成本,提高质量,能按照计划工期准时地将设施交付使用,而这些目标都是传统建设生产方式难以实现的,必须通过引入新的建设生产模式来解决。世界 500 强之一的麦格劳·希尔建筑信息公司 2007 年的一项调查发现,有 87% 的业主认为目前的建设生产模式需要被改变,而只有 1% 的业主认为目前的建设生产模式不需要改变(AIA,2007)。

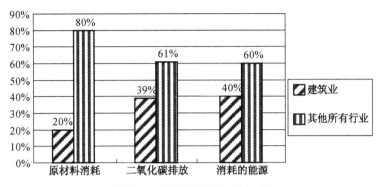

图 1-4 建筑业对环境的影响

(数据来源:US Green Building Council,2009)

建筑业经过不断吸收制造业、航空航天业等行业的理论、技术和经验后,发现建筑信息模型(BIM)是建筑行业中抛弃传统业务流程和惯例、提高建筑行业生产效率的一种方式。

自 2007 年以来,我国建筑行业对建筑信息模型的研究逐渐增多,有关建筑业信息化的会议和专题研究也在频繁展开。对 CNKI(包括中国期刊全文数据库、中国博士学位论文全文数据库和中国优秀硕士学位论文全文数据库)的文献统计(以 BIM 为关键字)看出,国内对 BIM 的研究数量呈指数型增长,如图 1-5 所示,越来越多的业内人士认识到 BIM 对于建筑行业的价值,对 BIM 的研究发展迅速。同时也表明建筑行业人士意识到 BIM 将成为改善建筑行业低效、高成本的重要手段,也将成为建筑业变革的重要推动力,只有加快对建筑业新技术的研究和实践,紧跟探索新技术的步伐,才能抓住建筑业变革带来的机遇。

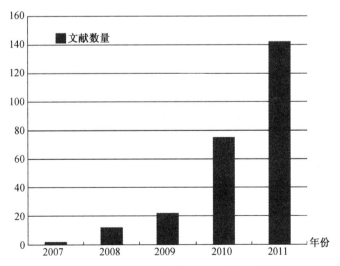

图 1-5 2007—2011 年有关 BIM 的文献数量

(数据来源:中国期刊全文数据库、中国博士学位论文全文数据库和中国优秀硕士学位论文全文数据库)

如上所述,工程建筑行业意识到 BIM 成为建筑行业变革的重要手段,目前 BIM 在国内发展迅速,同时可持续设计已经成为必然趋势,国内 BIM 发展趋势动向,BIM 是真正能够体现计算机及网络技术在工程勘察设计行业内数据价值的系统,这一技术的采用,不仅能够提高设计的整体效益,更能提高设计质量,减少设计过程中所产生的错、漏、碰、缺。BIM 建设是一项系统性工程,在设计、施工、运维三个阶段结合不同的软件发挥不同的功能,作为一种新型的管理技术辅助解决进度管理、质量管理和成本管理等项目管理方面的问题。

1.2 问题提出

目前的建筑业生产方式仍然沿袭了过去的传统,分割的生产方式并未得到根本性改变,导致信息传递的效率无法得到根本性提升。因此分割的传统建设模式已经严重影响项目管理的效率,尤其对于大型复杂群体项目,组织结构复杂、管理层次多、管理范围广、技术难度大、工期长等特点亟需一种有效的管理技术解决传统建设模式的低效性。

然而一直以来传统建设模式依然盛行,其中的原因很多,包括技术方面也包括管理方面,但是随着 BIM 技术的发展,阻碍建设模式变革的最主要因素为应用技术的组织和流程等因素。目前建设管理模式的变革遇到的最大问题主要有割裂的信息传递过程导致信息流失和变革缺少系统的规划两个方面。

1.2.1 割裂的信息传递过程导致信息流失

目前,建筑业中各项目参与方之间的信息交流还是基于图形文件,各专业应用软件通常都只涉及工程项目生命周期的某个阶段或某个专业,由于缺少统一、规范的信息标准,不同开发商开发的应用系统之间难以实现信息集成和共享。

在传统的建设模式下,项目建设成本的 3%～5% 是由可以避免的错误引起的,其中,30% 是因为采用了不准确或过期的图纸所直接造成;(卢勇,2004)在项目竣工时,任何一个项目参与方能够拥有的项目建设信息不足信息总量的 65%。建筑生产过程的本质是面向物质和信息的协作过程,项目组织的决策和实施过程的质量直接依赖于项目信息的可用性、可访问性以及可靠性。

如果传统建设生产模式下割裂的信息结构和组织模式得不到改变,那么割裂的生产结构也就无法改变。

1.2.2 变革缺少系统的规划

近些年,虽然建筑业采用了大量的手段来改善传统的工作方式,包括使用集成度较高的组织模式来加强组织间的合作,使用基于网络的实时传输技术来提高沟通效率,使用三维可视化工具来增加沟通水平等,但到目前为止,这些努力还只是停留在某些局部,在跨越组织、管理及过程界面方面的成就不大,传统建设生产模式下分割的生产方式没有得到显著改善,反而因建筑产品的功能、材料及设备复杂性的急剧增加而变得更为严重。

从传统建设模式转换到集成化建设模式是一个系统工程,并不是简单地改变传统生产体系中某一方面就可以实现的。传统的建设生产模式已经盛行了几百年,旧的建设体制根深蒂固,当前的契约体系、组织模式、生产流程都是与传统的建设生产模式相对应且不同的体系之间相互联系、相互制约,仅仅变革生产体系的某一部分很难从根本上改变当前建设生产的低效特性。例如:组织模式的实施效果很大程度上受契约模式的制约,在传统契约模式下,各参与方都有利益最大化的自利动机,当组织间发生冲突时,各方通常都会首先考虑保护自己的利益不受损害,将风险转移给其他项目参与方。如果不改变传统的契约模式,即使采用了集成度较高的组织模式,各项目参与方之间也难以实现真正的合作。

对于小型项目来说,参与方不多,组织关系较为简单,信息量不大,割裂的组织模式和信息孤岛对小型项目造成的影响较弱,同样集成的信息技术对小型项目的优势没有特别显著。然而,对于大型复杂项目,分割的信息传递过程和割裂的组织模式不仅影响项目整体建设的效率,还将造成信息的冗余、沟通不畅、管理缺失、浪费严重等问题,从而影响整个项目的质量、成本和进度。

因此,本书期望通过研究先进的建筑管理技术——建筑信息模型(BIM)与建设管理模式的协同和融合过程,并结合大型复杂群体项目的特点和难点,梳理和建立一系列的流程,找出一种有效集成的管理方式改变传统模式种种弊端,推进传统建设管理模式的变革。

1.3　研究内容、方法和意义

1.3.1　研究内容与研究思路

本书将针对前人研究存在的不足,结合我国的建设生产实践对以下内容展开研究。

(1) BIM 与大型复杂建筑群体项目的理论研究。文章将首先阐释 BIM 的内涵和大型复杂建筑项目的研究成果,并在此基础上结合大型复杂项目的特点和难点研究 BIM 如何与此类项目结合解决难题。

(2) 基于 BIM 的全寿命周期的建设理论研究。基于 BIM 的集成化建设模式的特点和全寿命周期项目管理的范围和特点,构建基于 BIM 的集成化建设模式在项目全寿命周期项目管理中的应用特点。

(3) 基于 BIM 解决大型复杂建筑群体项目管理的关键问题研究。根据 BIM 与大型复杂建筑群体项目的理论研究内容,基于 BIM 的集成化建设模式的特点和在项目全寿命周期项目管理的应用过程,充分考虑 BIM 对建设生产过程的影响,分析对于大型复杂建筑群体项目的影响过程和实施流程,提出利用先进的管理技术解决大型复杂建筑群体项目管理的关键问题的途径和方法。

(4) 通过试点案例分析对本书的理论研究部分进行实证。

1.3.2　研究方法

(1) 文献梳理法。本书在理论研究环节主要通过阅读和整理国内外相关的文献建立理论基础。如通过文献梳理分析大型复杂建筑群体的项目的特点和难点,BIM 实施过程中的阻碍因素等。

(2) 问卷调查法。利用问卷调查的方式确定大型复杂项目应用 BIM 的重要性和必要性、BIM 应用的重要指标以及各指标对 BIM 应用的影响程度。

（3）理论分析与实证研究相结合。在研究过程中根据研究内容的需要穿插运用了多种理论分析与实证分析方法。在最后的实证环节,则运用了案例分析法对理论部分进行实证研究。

（4）定量分析与定性分析相结合的方法。从研究的目的和内容看,必然会涉及对相关内容的定性分析,但在研究过程中,本书采用定量方法对定性方法进行支撑,以期得到更有说服力的结论。

1.3.3 研究意义

（1）理论意义。基于 BIM 进行全寿命周期建设的指导思想是系统理论,面对的应用对象是大型复杂建筑群体项目的建设生产实践,因而,基于 BIM 的大型复杂建筑群体全寿命周期的建设既具有一定理论知识,又对实践有一定的指导作用。本书在通篇布局中,方法的探讨一直是置于中心位置的。本书的研究是在批判地继承前人的研究成果的基础上展开的,在系统研究了 BIM 与大型复杂建筑群体项目的内涵和特点后,分析了基于 BIM 在全寿命周期项目建设过程中如何解决大型复杂建筑群体项目的关键难点问题以及解决过程中的障碍,并针对这些障碍提出了相应的解决方案。这些研究是对前人研究成果的补充,对完善和发展基于 BIM 的项目建设理论有一定的价值和意义。

（2）现实意义。目前,中国正处在城市化加速的起点,国家和人均收入增长加快,是国家建设的大好时期,住宅、公共设施、空港、铁路以及公路网等大型设施建设大量兴建。根据我国《建筑业"十五"计划》,我国"九五"期间,全社会固定投资总额的 62.8% 由建筑业直接完成的,近几年,国家基本建设投资占国民生产总值（GNP）的比例一直稳定在 15% 左右,在未来的若干年内,我国的建设规模还将不断扩大并关乎整个国家的发展。在这种背景下,减少建设生产过程中的浪费,提高目标的实现水平有着重要的现实意义。本书的研究可以为基于 BIM 进行大型复杂建筑群体项目建设的应用提供指导,为解放建筑业的生产力提供一种可供借鉴的新的生产管理模式,从这个角度说,本书的研究具有一定的现实意义。

第 2 章　BIM 与大型复杂群体项目建设管理的研究现状

2.1　大型复杂群体项目建设管理发展历程及研究成果综述

2.1.1　大型复杂项目建设管理的发展过程

近些年,随着经济的快速发展,我国开始了大型复杂项目建设,特别是在伴随着北京奥运会的场馆建设,一批有代表的大型复杂建筑拔地而起。因科学技术与社会的快速发展,为项目的大型化和复杂化提供了一些主客观条件。

(1) 技术:科学技术的发展,为大型复杂项目的建设提供技术上的支持,原来受限于复杂的工艺技术和施工技术的项目,现在的技术条件已经具备。

(2) 经济:工程建设市场的投资主体趋于多元化。由过去政府投资或企业投资为主转变为各方合资,这为大型工程建设项目提供了投资保障。

(3) 信息:现代信息技术的发展,特别是计算机网络技术的迅速发展,使得大型工程沟通更加方便,信息传递更加有效,加速建筑业的信息化发展进程。

(4) 管理:现代项目管理模式的多样化为大型工程提供了科学的管理模式,使得大型工程建设项目各参与方在风险承担方面、利益分配方面更合理化。经济、技术、信息和管理上的发展,使得工程建设项目大型化成为可能,甚至有可能成为一种趋势,而目前大型工程项目管理中却存在着很多问题,对大型工程项目管理的研究则很有必要(蒋卫平等,2009)。

2.1.2　国内项目管理的发展

国内项目管理历史久远。现存的许多古代建筑,如北京故宫、长城、都江堰水利工程、京杭大运河等,规模宏大、工艺精湛,至今仍发挥着重要的经济和社会效益,让人叹为观止。这些大型工程项目的建设,若没有相当高的管理水平进行管理,在当时的现实条件下是很难实现的。

20 世纪 90 年代开始,国家要求基本建设按"项目法"施工,公开竞争选择承包商和供货商,对项目实行全面(设计、施工和管理)和全过程(筹资、设计、移民、施工、运行、经营管理及还贷)管理的建设管理体制。

随着大型工程项目管理的复杂度越来越高,我国开始在项目业主负责制和建设监理制的基础上,提出了大型工程项目管理集成化和动态化管理的概念,并在后来的一些大型工程项目中得到成功运用。

在理论研究上,20 世纪 90 年代后期,现代工程项目管理学的理论研究开始在我国迅速兴起,众多学者(丁士昭,成虎,朗荣炎,刘荔娟,田振郁,尹贻林,袁兴文,张金锁等)都进行了卓有成效的研究,提出了可行的研究成果,为我国工程项目管理学科的建立做了大量的先期工作;进入 20 世纪以来,工程项目管理作为一门系统的学科在我国得到了发展,我国于 2000 年正式引入 PMP 资格认证制度,目前我国拥有 PMP 认证资格的项目管理人员还远远不能满足大型工程项目管理发展的需要。推动这门学科理论与方法的研究与普及,社会主义经济建设意义重大。

2.1.3 国外大型项目管理历程

项目管理作为现代管理学科的一个重要分支,最早出现于 20 世纪 30 年代的美国,为了满足规模较大的工程项目和军事项目的需要而产生的。

项目管理在 20 世纪 30 年代到 50 年代初开始形成,人们对如何管理项目进行了探索研究,直到第二次世界大战后期,实行曼哈顿的项目时,才明确提出了项目管理的概念。

网络计划的出现是项目管理的起点,网络计划技术的推广最初是关键路线法和计划评审技术的产生与应用。美国海军部 1958 年实施的北极星号潜水舰艇计划和 60 年代实施的阿波罗登月计划都采用计划评审技术,它们都取得了巨大的成功,以无可辩驳的事实证明了科学项目管理的重要性。

20 世纪 60 年代后,科学技术及社会发展更加迅速,工程项目逐渐趋于技术复杂化且大型化,管理科学理论及工具、手段不断进步。在西方发达国家,出现了工程项目管理理论并用到了工程项目建设中,工程项目管理咨询公司也在大型工程项目建设领域出现,这种咨询机构或管理公司代表业主进行项目管理的方式是现代大型工程项目管理中最为广泛的一种经营管理方式,这种管理方式在我国称为社会监理,从 20 世纪 80 年代末开始在我国推行。

美国于 1984 年开始实行项目管理专业资格认证制度,20 世纪 90 年代中期陆续在高等院校中开设了项目管理硕士和博士学位教育;众多的 MBA 和工商管理学院也把它作为必修的课程;美国项目管理学会是世界上最大的项目管理专业机构,也是目前全球最具权威性的项目管理认证机构,它在 20 世纪 90 年代初建立了"项目管理知识体系"为衡量项目管理人员是否合格提供了客观标准;在项目管理学的研究中,以费雷德·威尔斯等人的研究最具有代表性,可称为现代工程项目管理学的开拓者之一。

现代西方发达国家的大型工程项目管理注重建立以项目控制为重点的全面项目管理体系。它以系统学为指导理论,注重永久性的项目管理专业机构设置与临时性的管理机构相交融的矩阵式管理模式,这种管理模式以项目管理为核心,强调专业机构的人才库与专业技术水平及工作质量的保障作用。它根据总体工作目标,按照实际情况,进行层层分解,制定出工作分解结构和工作链接程序,这种工作程序强调工序划分的科学化,工作性质的专业化,表达方式的图表化和工作程序的相对固定化。

近年来,我国建筑业发展势头强劲,大型项目群不断涌现。由于大型项目群投资规模庞大、系统构成复杂、利益相关方多、实施风险大等特点,其管理面临更加突出的"信息孤岛"问题,即大量信息自成体系、相互孤立,信息断层和失真,无法实现信息共享。随着建筑信息模型(BIM)技术、信息与通信技术的不断发展,信息集成逐渐成为提高大型项目群建设效率、降低投资成本的重要趋势和关键手段,研究大型项目群信息集成管理具有日益重大的理论和现实意义。

2.2　项目全寿命周期管理的发展历程及现状

建筑全寿命周期管理(Building Lifecycle Management，BLM)是在建筑工程生命期利用信息技术、过程和人力来集中管理建筑工程项目信息的策略。BLM涉及与之相关的组织、过程、方法和手段等，它比传统的信息管理涉及的层次更深、方位更广、理念更先进，它是集成化思想在建设工程信息管理中的应用，是建筑业的一场变革。其核心在于如何解决工程项目实施过程中的数据管理和共享问题。对于减少建筑项目传统全流程中的冗余投资、资源浪费和多种失误，具有重大的技术和商业价值。据普华永道的研究报告显示，因BLM技术的使用，工程项目总体周期将缩短5%，其中沟通交流时间节省30%～60%，信息搜索时间节省50%，从而显著改善工程运行中的信息交流效率并节约成本。

建筑生命期管理思想起源于制造业的计算机集成制造理念。1973年，约瑟夫·哈林顿(Joseph Harrington)博士首次提出了CIM(Computer Integrated Manufacturing)理念。CIM是一种组织形式，它将传统的制造技术与现代化信息技术、管理技术、自动化技术、系统工程技术等有机结合，借助计算机使产品全生命期各阶段过程中有关的人/组织、经营/管理和技术三要素及其信息流、物流和价值流有机集成并优化运行。有效的协调和提高企业对市场需求的应变能力和劳动生产率，获得最大的经济效益，从而使企业的生产能力不断发展和增强。CIMS(Computer Integrated Manufacturing System)则是按照CIM理念构建的计算机化、信息化、智能化和集成化的计算机集成制造系统。它不仅是一个工程技术系统，更是一个企业整体集成化系统。CIMS综合了自动化、信息、制造、计算机及网络技术的成果，将企业从产品设计、生产、制造到经营决策和管理的全部经营活动有机地集成起来，使各环节相互协调，实现总体优化。20世纪80年代，美国提出了持续采办与生命期支持(Continuous Acquisition Life-Cycle Support，CALS)计划，以数字化方式管理武器装备的技术资料，传递有关武器装备的采办和后勤支援信息，提高对这些信息的时间和可靠性要求。目前在国内外制造领域，CIMS和并行工程技术都得到较为广泛的应用。我国通过863/CIMS项目的研究和推广，已有一批企业和行业部门引入了CIMS和并行工程的理念和思想，取得了一定的研究经验和教训。

20世纪90年代，CIM思想逐步引入建筑业。1995年，美国能源部针对房屋建筑制定了生命周期成本手册(Life-cycle Costing Manual)，为建筑物和设施的能耗和用水提供了生命周期成本测算的方法和准则，并将计算机模拟软件引入能耗和用水的性能评价系统中。

2000年，美国建筑业协会会议突出了以建造过程生命周期数据管理为中心，以3D-CAD为手段实现设计、施工的一体化，满足采购和业主的需求。国内外学者、研究机构针对建筑生命期管理做了大量研究。美国斯坦福大学的CIFE致力于将4D概念应用于整个A/E/C领域中，通过先进的计算设备与交互工具，构建一个全数字交互工作室，使建设项目各参与方能够实时的展开协同工作，为生命期管理奠定基础。日本建筑业在20世纪90年代开始从美国引入的CALS来开展其建设领域的信息化，特别针对其经济高速成长期建造的建筑物存在的耐久性问题，大规模推广生命理和成本核算的概念，研制了一批针对建筑结构的生命期性能测算软件。2004年，英国建筑革新中心展示了由自然工程科学研究所支持的索尔福德大学领导的研究项目"从 3D 到 ND 模型"从而撬动了三维模型整合计划、成本、进度、风险、可持续、易维护、声学和节能仿真到 N 维模型。国内同济大学丁士昭教授则针对建设工程全寿命信息管理的思想、应用以及实现框架进行了系统研究。

目前,建筑生命期管理仍处于起步阶段,需要形成新的管理思想、管理体系,制定相关的法规、规章、制度以及研究支持建筑生命期管理的信息创建、集成、共享的技术,包括用于信息创建的专业软件,用于信息集成与共享的平台,而建筑信息模型(BIM)恰恰提供了这样一个高度集成化的共享平台,为建筑全寿命周期的管理提供了有力的保障。

2.3 建筑信息模型(BIM)的研究现状

近些年来,建筑信息模型 BIM 无论是作为一个概念术语还是一种新的生产工具或生产方式都得到了业内人士的广泛关注。很多人都认为这是一个 2000 年以后提出的新概念,但实际上,BIM 的思想由来已久,早在 30 多年前,被誉为"BIM 之父"的 Chuck Eastman(1975)教授就提出未来将会出现可以对建筑物进行智能模拟的计算机系统,并将这种系统命名为"Building Description System",Chuck Eastman 教授认为这样的系统可以作为整个建筑生产过程唯一的信息源,保证所有的图纸保持一致关联,拥有可视化、定量分析功能及自动进行法规检查的功能,并可以为造价计算和物料统计提供更加便捷的途径。这些思想已经具备了 BIM 的基本特征,为今后 BIM 的研究奠定了理论基础。

在 20 世纪 70 年代和 80 年代,BIM 的发展虽受到 CAD 的冲击,但学术界对 BIM 的研究从来没有中断。当时,在欧洲,主要是芬兰的一些学者对基于计算机的智能模型系统进行了研究,并将这种系统称为"Product Information Model",而美国的研究人员则把这种系统称之为"Building Product Model"(Eastman,1999)。1986 年,美国学者 Robert Aish 提出了"Building Modeling"的概念,这一概念与现在业内广泛接受的 BIM 概念非常接近,包括:三维特征、自动化的图纸创建功能、智能化的参数构件、关系型数据库等(Aish,1986)。在"Building Modeling"概念提出不久,Building Information Modeling 的概念就被提出(Van Nederveen,Tolman,1992)。但当时受计算机硬件与软件水平的影响,BIM 的概念还只是作为一种学术研究的范畴,并没有在行业内得到广泛推广。BIM 真正开始流行是从 2000 年以后,得益于技术的突破和软件开发商的大力推广,很多业内人士开始关注并研究 BIM(Laiserin,2002)。现在,与 BIM 相关的软件、互操作标准都得到了快速发展,Autodesk、Bentley、Graphsoft 等全球知名的建筑软件开发企业都拥有自己的 BIM 产品,BIM 不再是学者实验研究的对象,而是变成了可在工程实践中实施的商业化工具。

BIM 的早期研究主要集中于技术层面,如信息集成标准等。随着 BIM 技术在建设项目中应用的日益广泛及深入,对 BIM 应用过程的研究逐渐增多,如 BIM 应用的障碍、BIM 应用的价值等。

(1) BIM 信息集成标准的相关研究

目前,用于建筑产品生命期的建筑产品模型标准主要是基于 STEP 标准建立的 IFC 标准(张洋,2009)。IFC 标准由国际协作联盟(International Alliance for Interoperability,IAI)于 1997 年发布,是针对建筑工程领域的产品模型标准。IFC 自发布以来引起了国内外众多学者、研究机构的关注,出现了针对建筑工程不同阶段的基于 IFC 的研究与应用。

Burcu 等(2002)基于 IFC 产品模型,提出了一种根据不同施工工序要求自动生成所需工作空间的方法,并建立了结合空间信息的产品模型,提供了 4D CAD 模拟、时空冲突分析及工作空间计划的功能。Lam 等(2006)将 IFC 用于能耗分析,实现了建筑模型和能耗分析模型间的数据映射引擎。清华大学的马智亮教授通过分析建筑能耗设计的需求,提出了基于 IFC 模型的建筑能耗设计工作流及模型框架(Ma Zhiliang,2008)。

因此,IFC 标准的规范有效实施,在一定程度内能够实现不同建筑软件产品之间的信息交换。

(2) BIM 应用价值的相关研究

2007 年,Autodesk 公司针对其研发的 Revit 系列软件的应用问题提出了一个样本公式,以衡量 BIM 应用的投资回报率(ROI),公式中变量包含软硬件费用、人工费、培训费、培训时间、培训过程中的生产损失和培训后生产率提高所得等。针对以上变量对 100 个使用者进行调查,调查显示,用户最重视的两个变量是培训过程中的生产损失和培训后生产率提高所得,但就短期来看培训后所得无法弥补带来的损失,只有长期应用,生产率提高带来的价值才会非常明显(Autodesk 2007)。

2009 年,McGraw-Hill 在 SmartMarket Report 中针对 BIM 在中国的应用做了调查研究,该报告分析了当前 BIM 应用的现状和 BIM 应用带来的价值。调查显示,BIM 应用最有价值的方面包括:使不同软件产品和项目人员的合作更加容易(28%);提高效率、产量并节省时间(11%);方便沟通(8%);改善质量控制提高准确性(8%);协助实现项目视觉化(7%);三维建模和协作的优势(5%);通过竞争优势赶超其他竞争者(5%);冲突检测和规避(4%)。

2010 年,Autodesk 在白皮书中的文章《BIM 在政府建筑性能分析中的优势》指出,使用 BIM 提高建筑性能可以为政府带来多方面的效益,包括:利用多种途径降低资源消耗、提高现场的资源利用率,有助于与设计方达成共识、核查投资级别审计结果、赢得公众信任并提高员工的工作效率等。

2011 年,Brittany Giel 和 Raja R. A. Issa 通过对比三组项目(两个在规模和功能上相似的项目为一组,一个应用 BIM,一个未用 BIM)分析 BIM 所带来的投资回报。对比三组数据的结果显示未应用 BIM 的项目工期拖延,应用 BIM 的项目不仅无误工,且提前完工。根据应用 BIM 可减少变更和返工量的成本,可将变更和返工成本视为应用 BIM 所节省的费用,算出项目应用 BIM 后的 ROI。结果显示,项目应用 BIM 后的 ROI 比之前未用 BIM 时明显提升(Brittany Giel,Raja R. A. Issa,2011)。

清华大学张建平教授提到将 4D 技术引入到建筑施工期时变结构安全分析中,可以为解决时变结构连续动态的全过程分析问题,提供随进度变化的结构模型、完整的数据支持和可视化表现(张建平,胡振忠,2008)。

同济大学王广斌教授分析了 BIM 应用的价值,BIM 为各参与方所带来的好处,哪些参与方受益最大。此外,2011 年同济大学 BIM 研究团队对企业界应用 BIM 的情况进行调研访谈,调查发现建筑总承包公司、软件公司、设计单位等企业都肯定 BIM 将为建筑行业带来价值,并积极在实践中研究 BIM 的应用(王广斌,2011)。

由上述研究可知,企业界、研究机构等对 BIM 应用的价值给予了肯定,应用 BIM 的价值主要体现在缩短项目工期、改善质量控制、提高准确性、提高沟通效率、节约成本等方面。当使用者开始意识到 BIM 的价值和优势时,会投入大量资源推进 BIM 的应用。(McGraw-Hill Construction,2010)

(3) BIM 应用障碍的研究综述

2002 年,Autodesk 公司发布的《Autodesk BIM 白皮书》指出:制约 BIM 的应用的主要障碍之一就是现有的建设项目业务流程无法满足 BIM 的应用需要,要克服这种障碍,就必须对现有的业务流程进行重组(Phillip G. Bernstein,2002)。

2004 年,Autodesk 公司发表的建筑业解决方案《在建筑业采用信息化建筑模型的障碍》中分析了 BIM 无法有效地广泛开展的原因,并提出了阻碍采用 BIM 的三种相互关联的障碍:需要明确定义的交易业务流程模型;要求数字化设计数据可计算;需要经过适当规划的实用策略,以便在当今行业流程中已应用的多种工具之间有针对性地交换有意义的信息。

2006 年,美国总承包商协会在对美国承包商应用 BIM 的情况进行总结后颁布了《承包商应用 BIM 指导书》,报告指出:阻碍承包商应用 BIM 的障碍主要有:对应用 BIM 效果不确定性的恐惧、启动资金成本、软件的复杂性需要花费很多时间才能掌握及得不到公司总部的支持等(AGC,2006)。

2006 年,AIA、CIFE、CURT 共同组织了对 VDC/BIM 的调研会,来自 32 个项目的 39 位与会者对各自项目应用 BIM 的情况进行了广泛交流,大部分与会者都认为 BIM 确实能给各参与方带来价值,但这些价值在现阶段难以量化阻碍了 BIM 的应用(John Kunz,Brian Gilligan,2007)。

2007 年,由斯坦福大学设施集成化工程中心 CIFE、美国钢结构协会 AISC、美国建筑业律师协会 ACCL 联合主办了 BIM 应用研讨会并发布了会议报告,该报告指出传统的契约模式对 BIM 应用造成了很大阻碍,包括对 BIM 应用缺乏激励措施、不能有效促进模型的信息共享、缺乏针对 BIM 应用的标准合同语言等(Timo Hartmann,Martin Fischer,2008)。

第 3 章　BIM 与大型复杂群体项目的内涵和特点

3.1　BIM 的内涵和特点

3.1.1　BIM 的概念

随着 BIM 概念的推广,很多组织都对建筑信息模型(BIM)的含义进行过诠释,其中既有著名的软件公司(Autodesk,Bentley),也有行业协会(如美国总承包商协会 AGC)和科研机构(如美国建筑科学研究院 NIBS)。本书将梳理和归纳上述组织对 BIM 定义。

Autodesk 公司是全球最大的建筑软件开发商,也是对 BIM 研究最为深入的组织之一。自 2000 年后,Autodesk 公司一直致力于在全球范围内推广 BIM。在其发布的《Autodesk BIM 白皮书》对 BIM 进行了如下定义(Autodesk 2002):BIM 是一种用于设计、施工、管理的方法,运用这种方法可以及时并持久地获得高质量、可靠性好、集成度高、协作充分的项目信息。

Bentley(2004)公司是全球第二大的建筑软件公司。2003 年 1 月,Bentley 发布了《Bentley BIM 白皮书》,在这本白皮书中,Bentley 将 BIM 定义为:BIM 是一个在联合数据管理系统下应用于设施全寿命周期的模型,它包含的信息可以是图形信息也可以是非图形信息。

2006 年,美国承包商协会(AGC,2006)颁布了《承包商应用 BIM 指导书》,在指导书中对 BIM 作了如下定义:建筑信息建模(Building Information Modeling)是建立和使用计算机软件模型来模拟建筑设施的建设与运营过程。所建立的模型(Building Information Model)是一个包含丰富数据、面向对象的、具有智能化和参数化特点的建筑设施的数字化表示,不同的使用者可从中提取所需信息用于决策或改善业务流程。

美国建筑科学研究院联合设施信息委员会等国际著名的建筑协会一起编制了国家建筑信息模型标准 NBIMS(NIBS,2008),其中对 BIM 进行了如下定义:建筑信息模型(Building Information Model)是对设施的物理特征和功能特性的数字化表示,它可以作为信息的共享源从项目的初期阶段为项目提供全寿命周期的信息服务,这种信息的共享可以为项目决策提供可靠的保证,这一定义是目前对 Building Information Model 较为权威的阐释,在行业内得到了广泛认可。

根据维基百科的定义(en. wikipedia. org 2009),建筑信息模型(Building Information Modeling)是指在建筑设施的全寿命周期创建和管理建筑信息的过程,这一过程需要在设计与施工的全过程应用三维、实时、动态的模型软件来提高建设生产效率,而创建的模型

(Building Information Model)涵盖了几何信息、空间信息、地理信息、各种建筑组件的性质信息及工料信息。

美国建筑科学研究院在《国家建筑信息模型标准 NBIMS》中对广义 BIM 的含义作了阐释(NIBS, 2008):BIM 包含了三层含义,第一层是作为产品的 BIM,即指设施的数字化表示;第二层含义是指作为协同过程的 BIM;第三层是作为设施全寿命周期管理工具的 BIM。

3.1.2 BIM 的标准

从几个不同的角度尽可以全面地对 BIM 标准做一个描述,如图 3-1 所示。

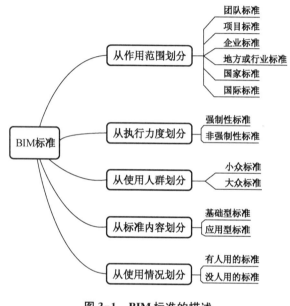

图 3-1 BIM 标准的描述

（1）从 BIM 标准的作用范围来划分,可以分成一个团队、一个项目、一个企业、一个地区或行业、一个国家以及全球遵守的标准等多个层次。

（2）从标准的执行机制来划分,可以分成强制性标准和非强制性标准两种。

（3）从标准的使用人群划分可以分成大众标准和小众标准,例如给 BIM 软件开发人员使用的就属于小众标准,只有少数人需要使用,多数人通过使用软件来使用标准;反之需要大部分从业人员都使用的就属于大众标准。

（4）从标准包含的内容划分可以分成基础型或技术型标准以及应用型或实施型标准。

（5）从标准的使用情况来划分,最终只有两种情况:有人使用的标准和没人使用的标准,或者更简单明了地说,就是有用的标准和没用的标准。

3.1.3 BIM 的应用特征

3.1.3.1 集成化的建设环境更适于 BIM 的应用

随着 BIM 应用日趋广泛,业界和学界开始关注建设环境对 BIM 应用的影响,不少组织或学者提出:集成化的建设环境比传统的建设环境更有利于 BIM 功能的发挥。2007 年,

Autodesk公司发布的《BIM与项目集成化建设方法》指出：集成化的项目建设环境将会极大促进BIM功能的发挥，同年，美国建筑师协会AIA在《项目集成化建设方法应用指导书》也指出，BIM和集成化建设方法虽不存在相互依赖关系，即BIM可以在非集成化的环境下应用，集成化的建设方法也可以不采用BIM，但两者的结合将会相互促进、相得益彰；2008年，Chuck Eastman教授在《BIM应用指导手册》中指出，BIM在DB模式下应用将会比在传统的DBB模式下应用有更多的有利条件，这些有利条件将会更好地促进BIM功能的发挥。2008年，Magraw Hill建筑信息公司发布的《BIM应用调查》中指出BIM在不同的建筑模式下应用都会使应用的参与的组织从中受益，但只有在集成化的环境下应用才能最大程度上发挥它的功效。

集成化的建设环境更适合BIM应用具体表现在以下几方面：

（1）设计人员利用BIM进行设计的过程中完成了产品信息模型，而产品信息模型本身就是一个集成化的信息模型，信息集成过程是一个自然集成的过程，无须人工对信息的重复输入，减少了信息集成成本和时间。

（2）集成化的建设方式需要高效的沟通与协作，BIM的可视化功能可以提供更直观的信息，帮助项目的各参与方尤其是业主等非专业的项目参与方便于理解项目的设计和承包方案，减少沟通障碍，提高沟通效率和合作水平。

3.1.3.2 应用功能具有层次化特点

BIM多样化的功能是通过在三维可视化基础上进行扩展得到的，在项目建设过程的不同阶段BIM发挥的作用不同，基于BIM功能应用的系统流程进行分析可将BIM应用功能分为四层：可视化、协同、分析、供应链集成(Taylor & Bernstein, 2009)。

（1）可视化。应用BIM的收益之一是可以让项目的参与者获得建筑项目设计的可视化(Taylor & Bernstein, 2009)。于是，即使项目的参与者对BIM缺乏经验，也可以从3D模型中获得BIM提供的价值。可视化被普遍认为是项目参与者之间对设计方案进行交流的良好方式。

在概念设计阶段，建筑师能够借助空间模型向业主方和用户展示设计的意图。这个模型对主要的建筑单元和设施进行最初的布置。基于模型展示，建筑师和用户可以对用户单元进行优化。

施工过程的可视化模拟需综合考虑相关的时间和空间要素，传统的2D信息表达方式难以对该动态过程及其内部复杂关系进行很好地描述，这种模拟只能靠工作人员在大脑中进行想象，每个人专业背景及工作经验的差异会导致对工程实施过程理解的不一致。而场地的3D模型与施工进度计划相链接，帮助工作人员了解施工进度计划中各工序与施工对象之间、各种资源需求之间的复杂关系，研究其动态变化规律，从而实现施工进度、人力、材料、设备、成本和场地布置的动态模拟和优化控制。

因此，三维模型的演示能力是BIM最基本的功能，可以帮助项目参与方通过更好的沟通解决冲突，并且此功能对跨组织的流程没有带来显著的改变。可视化可个别项目应用BIM的情况下实现，而不需要对主要的流程进行调整(Taylor & Bernstein, 2009)。

（2）协调。当一个公司在BIM应用中获得更多经验时，它可以尽快进入协调概念。协调概念指"在公司内部和项目参与方之间使用BIM以提高工作的协同性"。有关协调的问题在调查数据中是最重要的问题(Taylor & Bernstein, 2009)。

目前大多数 BIM 的功能价值主要在前期设计和深化设计阶段实现，不同专业设计师之间的建筑信息模型的协调使用频率高度集中。BIM 帮助设计团队集合不同设计师的模型，并检查模型的协调性。随着技术的发展，不同专业设计之间碰撞检查的自动化程度可能会得到进一步提高。

在案例中，许多技术问题出现，需要由 BIM 团队解决。BIM 的团队一般由作为项目 BIM 咨询技术专家，设计院的建模设计师，承包商的建模工程师等组成。综上所述，BIM 技术可以帮助促进集成项目的参与各方的工作，增进协调。

（3）分析。分析是探寻各种方案的可能性，在建设过程中应用 BIM 的分析主要在设计和施工阶段。

在设计阶段 BIM 的应用从两个方面改善设计分析过程，第一，BIM 本身就具有强大的分析功能，可以完成日照、照明、声学、能耗等一系列常规分析工作，设计师可以在设计的过程中方便地对设计方案进行分析，并根据反馈结果及时修改设计；第二，BIM 中的信息是可运算的信息，可以很好地与外部的设计分析软件进行数据对接，提高信息使用效率和信息交换速度，使设计分析结果能更快地反馈给设计人员。

在施工阶段 BIM 的应用主要集中在模拟分析，利用 4D 模型帮助工作人员分析和解决问题。相比传统的横道图和 CPM 网络计划，4D 信息模型可显著提高计划分析能力。4D 信息模型可针对不同的施工计划进行分析和比较，择优录用；将 4D 信息模型应用于项目实施过程中的动态控制，可通过实际施工进度和质量情况与 4D 可视化模型的比较，直观地了解各项工作的执行情况。

（4）供应链集成。供应链集成是 Taylor and Bernstein 提出的最高级的 BIM 应用，它意味着可以将 BIM 的应用延伸到供应链，公司需要拥有长期使用 BIM 的经验及相互合作的连锁关系。

3.2 大型复杂群体项目的内涵和特点

3.2.1 大型复杂建筑群体的基本概念和特点

（1）基本概念。大型项目群（Major Program）是指投资额超过 10 亿美元、建设期至少 5 年的一组相互联系的项目群集合，一般包括国家、投资财团、企业、个体等多个利益相关者，远远超出传统的工程建设和管理领域，具有不同于一般工程项目的典型的开放复杂巨型系统特征，包括投资规模巨大、技术要求高、开发连续滚动、风险大、子项目系统关联性强、主体间利益互动明显、建设环境动态多变及工程项目系统与社会大系统相互影响紧密等特点。大型项目群包含两层含义：首先，大型项目群属于项目群领域，都是相互联系的项目个体构成的整体；其次，大型项目群又不是简单的项目群，它由多个项目群以一定的系统结构组合形成，而各项目群又包含多个单项目，甚至子项目群，因此大型项目群存在复杂的层次结构关系（图 3-2）。

（2）特点。大型复杂建筑群固有的复杂性和不确定性等特点，决定其与一般项目管理相比区别较大，具体见表 3-1。

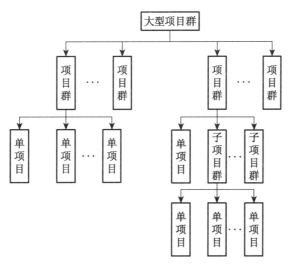

图 3-2 机电(强电)模型示意图

表 3-1   大型复杂建筑群管理和一般项目管理的特点比较

大型复杂建筑群管理	一般项目管理
若干项目群或项目同时进行	某一时间段进行单一项目
关注企业整体战略目标和效益	关注本项目的目标和效益
一组决策行为	一次性决策
最大化利用整体资源	针对单一项目尽可能减少资源需求
项目群众项目具有相似性	各项目各不相同
确保个项目的实施 促进整体目标实现	不关心本项目外的企业目标
信息处理应用集成数据库系统	信息处理应用计划软件系统
评估控制具有前瞻性	对项目实时现实与计划基准对比控制

3.2.2 大型复杂建筑群体的特点和难点

大型群体工程项目是一个复杂的巨型系统,空间跨度大、项目参与方、项目性质复杂、项目功能全面、涉及专业比较广,同时伴随具有工程量大、投资多,技术复杂,时间紧迫,质量要求高等特点,其具有的与普通项目不同的特性,给项目管理带来了很多新的挑战。

与传统普通项目相比,大型复杂群体项目的复杂性具体体现为项目构成的复杂性、组织管理的复杂性、进度控制的复杂性、信息沟通的复杂性和项目管理的社会属性五个方面。

(1)项目构成的复杂性。我国政府投资的大型群体项目特别多,把大量工程项目集中起来进行建设和管理,是国家经济建设和发展的需要。不同类型的项目往往投资主体不同、管理组织不同、技术要求不同、进度紧迫性不同、所在地块不同等因素,这些因素使项目构成比较复杂。

(2)组织管理的复杂性。大规模项目的集中建设,必须有庞大复杂的管理组织机构与之相对应。与国外相比,我国的建设项目管理组织往往复杂很多,体现了"集中力量办大事"的特征。大型复杂建筑群体的参与方一般多达几十个,组织管理相当复杂。

（3）进度控制的复杂性。我国目前经济高速发展,高节奏、高速度、高效率成为各项工作的现实要求。项目管理的三大目标中,进度控制往往成为压倒一切的首要目标。大型复杂建筑群体的组织协调工作的复杂性,开工时间和工期要求特别紧张;同时不同项目及不同工种立体交叉作业相互之间产生的矛盾等,给进度计划与控制都带来新的要求和问题,从而形成了进度控制的复杂性。

（4）信息沟通的复杂性。大型群体项目的建设分属不同的系统、不同的单位、不同的部门,项目之间的信息沟通与交流,体现出前所未有的复杂性。如何确保指令的快速和通畅、如何确保信息的透明和共享、如何确保遇突发事件能快速响应和应急处置等,是摆在项目管理者面前的新难题。

（5）项目管理的复杂性。大型复杂群体项目管理是跨组织、开放式管理,强烈地体现出项目管理的社会属性。建设过程涉及扬尘、噪音、垃圾等环境污染问题,施工过程涉及保护农民工利益问题,还有反恐、防台风、防汛、人身安全、社会和谐等各类问题,由于涉及以人为本的社会属性,因此形成了项目管理的复杂性。

第 4 章　基于 BIM 的全寿命周期大型复杂项目建设理论研究

4.1　全寿命周期内的项目管理内涵、范围和特点

工程项目管理是指组织运用系统工程的观点、理论和方法,对工程项目周期内的所有工作(项目建议书、可行性研究、评估论证、设计、采购、施工、验收、项目后评价)进行计划、组织、指挥、协调和控制的过程。工程项目管理的核心任务是控制项目目标(造价、质量、进度)最终实现的功能满足使用者的需求。

4.1.1　全寿命周期内项目管理的时间范畴和阶段划分

工程项目的全寿命周期包括了决策期、建设期和运营期三个阶段,建设期又可划分为设计阶段、采购阶段和施工阶段(丁士昭,2005)。基于 BIM 的集成化建设模式并没有改变建设生产活动的基本规律,建设过程依然遵循着基本的建设顺序,但具体的阶段划分方法与传统的建设过程稍有不同。在基于 BIM 的集成化建设模式下,设计与施工活动的融合使传统建设模式下集中的招标采购活动贯穿于设计与施工活动中进行,因而设计阶段与施工阶段之间不再有单独的招标、采购活动,建设过程具体的划分方法如图 4-1 所示。

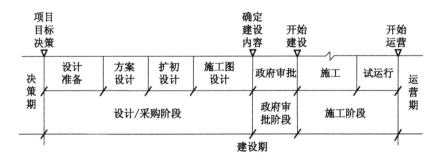

图 4-1　工程项目建设的时间范畴与阶段划分

4.1.2　全寿命周期内各阶段管理过程分析

1)决策阶段

投资决策阶段的主要工作有项目可行性研究、项目策划以及项目开发建设前需要办理的各种手续等,主要成果有获取目标地块的土地使用权、可行性研究报告、全程策划报告、各种建设许可证书文件等。这是项目整个开发过程中最重要的基础环节。

这一阶段的管理重点应放在业主内部各相关职能部门的职责界面划分、衔接与协调方面,确保界面信息传递及时、通畅,提高投资机会研究、全程策划工作的质量为目标。

2）实施阶段(PM 阶段)

实施阶段的主要工作是组织工程设计、施工、项目管理等单位按照工程预定的目标进行项目建设。目标的内容包括时间、质量、费用、安全、信息等具体指标。这里的管理界面既有业主内部职能部门之间的界面,又有业主与设计、施工等承包商之间的管理,涉及技术、组织、合同,是管理问题出现数量最多、频率最高的阶段。

设计阶段决定了所有的技术要点。在项目建设施工阶段,技术信息转化为实体,设计阶段没有及时发现和解决的问题和矛盾在这一阶段会凸现、放大,处理不及时就会引发大量的问题。因此完善设计图纸、确保设计界面的可靠性,是设计阶段的主要任务,而在实际项目中这种问题很难完全解决,尤其在大型复杂建筑群体中,设计阶段图纸的准确性更难以保证,但本文引入的 BIM 技术将尝试解决图纸专业间的协调和图纸纠错等问题。

招投标阶段,业主的管理重点是承包单位的选择以及合同协议的签订。管理的主要内容包括工程款支付、价格调整、验收条件、导致工期延长的原因及认定标准、工程范围的界定、保修责任期限和范围的确定等方面。

施工阶段将全面履行合同内容、责任和义务。实行界面的动态控制、主动控制和事前控制是解决问题的主要手段。尽管承包人内部管理责任由承包人自己负责和承担,但业主依然要花大力气在加强承包人之间的界面管理上、有时甚至要介入到承包人内部的管理中去(表现为业主配备或外聘了相当强的现场项目管理班子)。

业主需要实现的是项目建设的全局目标,而承包人负责的只是局部目标,任何局部目标的失败都会对全局目标的实现产生不良影响。国内学者在对不同模式下的合同界面管理分析后认为:业主采用的项目管理模式,对合同界面的数量、范围、界面的工作内容等起决定性作用。总承包项目界面相对于平行发包项目界面而言,在数量上将大为减少,范围及界面的工作也将交由施工管理经验更丰富的总包方进行确定和具体管理,这大大减少了因界面管理而带给项目的风险。

3）使用及运营阶段(FM 阶段)

在使用阶段,存在业主与物管之间的管理过程。管理的主要内容为物业管理内部职能及业务管理,也包括承包商的项目保修期检修与回访工作。另外,重视售后的物业管理,能使项目建设与运作形成一个完整的系统,并可得到有效的发展。物业管理虽然处于项目建设流程的末端,但其界面影响因素存在于整个项目的前期开发与建设阶段。基于物业管理提出设计修改意见,并且在施工阶段进行贯彻,形成良好的管理效果。

4.1.3 项目信息管理的内容和特征

基于 BIM(建筑信息模型)的项目管理,与项目管理中的信息管理类似,其思想是将传统的信息管理进行集成。因此项目管理中的信息管理内容和过程,也简介映射 BIM 的主要内容和过程。信息管理的内容和过程也是利用 BIM 进行项目集成管理的内容和过程(谭泽迅,2013)。

信息管理指的是信息传输的合理的组织和控制。项目的信息管理是通过对各个系统、各项工作和各种数据的管理,使项目的信息能方便和有效地获取、存储、存档、处理和交流。项目的信息管理的目的旨在通过有效的项目信息传输的组织和控制（信息管理）为项目建设的增值服务。建设工程项目的信息包括在项目决策过程、实施过程和运行过程中等产生的信息，它包括：项目的组织类信息、管理类信息、经济类信息，技术类信息和法规类信息。

建设项目信息管理的过程主要包括信息的收集、加工整理、存储、检索和传递。在这些信息管理过程中，建设项目信息管理的具体内容很多。

4.1.3.1 建设项目信息的收集

建设项目信息的收集，就是收集项目决策和实施过程中的原始数据，信息管理工作的质量好坏，很大程度上取决于原始资料的全面性和可靠性。因此，建立一套完善的信息采集制度是十分有必要的。

1）建设项目建设前期的信息收集

建设项目在正式开工之前，需要进行大量的工作，这些工作将产生大量的文件，文件中包含着丰富的内容。

（1）收集设计任务书及有关资料。

（2）设计文件及有关资料的收集。

（3）招标投标合同文件及其有关资料的收集。

2）建设项目施工期的信息收集

建设项目在整个工程施工阶段，每天都发生各种各样的情况，相应地包含着各种信息，需要及时收集和处理。因此，项目的施工阶段，可以说是大量的信息发生、传递和处理的阶段（冯海东，2013）。

（1）建设单位提供的信息。

（2）承建商提供的信息。

（3）工程监理的记录。

（4）工地会议信息。

3）工程竣工阶段的信息收集

工程竣工并按要求进行竣工验收时，需要大量的对竣工验收有关的各种资料信息。这些信息一部分是在整个施工过程中，长期积累形成的；一部分是在竣工验收期间，根据积累的资料整理分析而形成的。

4.1.3.2 建设项目信息的加工整理和存储

建设项目的信息管理除应注意各种原始资料的收集外，更重要的要对收集来的资料进行加工整理，并对工程决策和实施过程中出现的各种问题进行处理。按照工程信息加工整理的深浅可分为如下几个类别：第一类为对资料和数据进行简单整理和滤波；第二类是对信息进行分析，概括综合后产生辅助建设项目管理决策的信息；第三类是通过应用数学模型统计推断可以产生决策的信息。

4.1.3.3 建设项目信息的检索和传递

为了查找的方便，在入库前要拟定一套科学的查找方法和手段，做好编目分类工作。健全的检索系统可以使报表、文件、资料、人事和技术档案既保存完好，又查找方便。否则会使资料杂乱无章，无法利用。信息的传递是指借助于一定的载体在建设项目信息管理工作的各部门、各单位之间的传递。通过传递，形成各种信息流。畅通的信息流，将利用报表、图表、文字、记录、电讯、各种收发文、会议、审批及计算机等传递手段,不断地将建设项目信息输送到项目建设各方手中,成为他们工作的依据。

信息管理的目的,是为了更好地使用信息,为决策服务。处理好的信息,要按照需要和要求编印成各类报表和文件,以供项目管理工作使用。信息检索和传递的效率和质量是随着计算机的普及而提高。存储于计算机数据库中的数据已成为信息资源,可为各个部门所共享。因此,利用计算机做好信息的加工储存工作,是更好地进行信息检索和传递,信息的使用前提(孙悦,2011)。

4.2 BIM 作用于项目全寿命周期的机理分析

4.2.1 BIM 应用于项目全寿命周期的建设环境分析

设计→招标→施工的交易模式是我国当前主要的项目交易模式,在这一模式下,BIM 在单个阶段和多个阶段也进行了应用。2011 年,同济大学 BIM 研究团队对国内 BIM 应用进行了调研。项目调研对国内 9 个 DBB 交易模式下的建设项目的调研显示,DBB 模式下 BIM 应用从单一设计阶段向施工及后期管理阶段发展。并且,一些重大的、复杂的项目更注重在全生命周期内应用 BIM 来解决施工和后期运营的问题。

对 BIM 在企业应用的调查中发现,设计企业为当前国内 BIM 应用的主要力量,BIM 应用主要是设计三维建模、辅助设计出图、三维管线综合、建筑性能化分析、人流疏散分析、4D 施工进度模拟、运营设备信息维护、BIM 辅助施工及运营管理等,几乎覆盖了 BIM 在各个阶段的主要价值点,但是大多数企业在组织内部没有进行大规模推广。目前在软件开发商的市场推动下,BIM 技术在设计阶段(特别是前期方案设计和 3D 演示、日照、能量、疏散分析等)得到了广泛的传播和应用,但在项目施工、运营和维护阶段还处于实验性的应用阶段。被调研者表示造成这一现状的原因是:

(1) 专业人员需要较长的学习时间接受并熟练应用 BIM 模型设计;

(2) 国外软件厂商的产品对我国规范的支持程度差;

(3) BIM 软件仅提供平台作用,而各相关专业软件之间接口不兼容,需要在 BIM 平台的基础上进行专业软件的二次开发。

我国主要的 DBB 项目交付模式下流程、合同、组织关系不利于集成性的 BIM 的应用。

2011 年,何关培教授的 BIM 研究团队,对国内政府、业主、施工方、监理单位、运营单位和设计方、高校和研究机构进行调研,发表《2011 年中国工程建设 BIM 应用研究报告》,调研结果显示 87% 的受访人表示听说过 BIM,这个数据比 2010 年提高了 25%,其中 15% 的人数表示 2011 年初次接触 BIM 概念。对 BIM 的接受渠道调研显示,43% 的受访者通过项目其他相关方得知 BIM,这也说明 BIM 在项目参与方之间的扩散效应。对于 BIM 在项目中的应用调研,结果显示 39% 的被调研者表示使用过 BIM。其中 64% 的设计方和 34% 的施工方均表示使用过 BIM。

通过这两项调研和访谈的结果,我们可以看出目前阶段 DBB 模式下 BIM 的应用特点:

国内对 BIM 的认知和应用集中在设计阶段和施工阶段,设计阶段包括方案设计、扩初设计和施工图设计三个环节,施工阶段包括安装深化图纸,协同设计的理念开始在一些大型项目(上海中心)中得到体现。

现有的设计院 BIM 应用推广速度,快于建筑业其他参与主体,并且向其他参与方扩散。当前的设计停留在传统设计方法,部分设计院采用传统设计模式和基于 BIM 的设计模式并行模式,但 BIM 的应用项目仍更多限于图纸的审查和验证,以提高交付给业主的图纸质量。

在 BIM 实施项目层面,缺少完善的激励约束机制和风险分担机制。项目参与方正不断探索合同条款来适应 BIM 应用。

4.2.2 传统建设环境下 BIM 的应用过程

BIM 应用总体流程需要与项目建设的过程相一致,并根据建设项目的发展阶段为 BIM 应用在总体流程中安排顺序;每一阶段 BIM 应用需要明确的责任方,有 BIM 过程的责任方可能不止一个,被定义的责任方需要清楚地确定执行各个 BIM 过程需要的输入信息和输出信息。

在设计→招标→施工(DBB)管理模式下,BIM 的总体流程按照设计→招标→施工→交付运营的基本流程进行,但为更好的应用 BIM,鼓励项目参与方更大程度上的过程集成。

在 DBB 模式下应用 BIM 的一般总体流程如图 4-2 所示。在概念设计阶段,由设计方

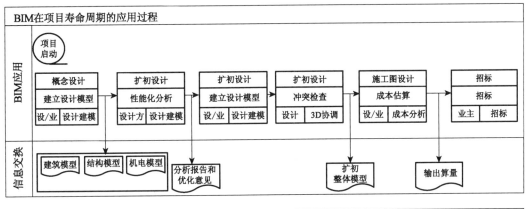

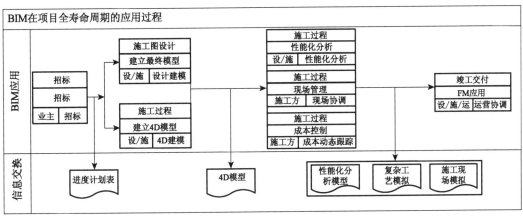

图 4-2　BIM 应用的总体流程

根据业主方的要求建立方案模型,包含建筑、结构和机电 MEP 的基本模型,能够分析建筑物同周边环境的协调性及配套设施的应用。方案模型经过性能化分析后,业主方可了解建筑物建成后的耗水、电、材料等基本能耗信息,建筑模型的建立也是对建筑模型的优化过程。经过性能化分析后形成的模型可以进行进一步的扩初设计并进行模型的冲突检查,对因设计割裂造成的各专业间的设计冲突进行修改,实现设计方内部基于模型平台的协同设计。同理,设计方造价工程师基于模型平台进行设计概算编制,成为下一阶段招标的基础文件。

在招标阶段,业主方可尝试在合同中约定施工方运用 BIM 指导施工过程,但并非强制,招标过程确定施工总包单位后由施工单位和设计单位协作进行模型的更新或者优化。其组织模式可以是 BIM 应用小组或者设计方的 BIM 团队形式。施工总包方和设计方共同完成进一步深化模型确定最终施工模型,分包商的协调工作由总包方进行。施工方根据设计的最终模型排定进度计划并确定 4D 施工过程模拟,对进度计划进行优化,同时,施工方根据进度和成本信息,排定动态的成本投资进度进化,为业主投融资提供支持资料。业主根据施工及分包方提供的成本变化编制投资动态计划,同时业主对于投资动态计划中与业主投融资进度不一致的地方进行修改,保证项目的投资成本较低。

施工阶段 BIM 应用还包含施工的场地布置对于材料的堆放和进场时间进行合理安排和难点施工工艺虚拟模拟:对于高层建筑和超高层建筑,BIM 模型还可以用作塔吊等起重机械的排布安排。针对目前国内施工方的技术水平低,BIM 应用培训少,较难独立完成 BIM 使用的现状,鼓励设计方和其他 BIM 咨询机构协助完成施工方的 BIM 应用。另外,鼓励运营方或者物业管理方在设计阶段提早介入,从运营角度提出相关的需求,便于运营管理。

4.2.3 BIM 是实现项目全寿命周期集成化和可持续化的基础

目前,建设生产过程中的产品信息还处于分割状态(图 4-3)。这种分割首先体现在不同专业之间的产品信息分割。在过去的几十年里,建筑设施在功能上得到了很大发展,包含的物理系统越来越多,如建筑、结构、水、电、暖通、智能化、消防、安全等,这些专业大都只涉及工程项目生命周期的某个阶段或某个领域。由于缺少统一、规范的信息标准,不同专业的

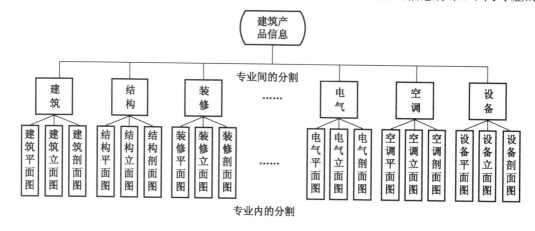

图 4-3 建筑业目前处于分割状态的产品信息

产品信息在工程项目实施的各个阶段所都是相互孤立,自成体系,无法形成统一的产品信息。其次,即使在某一专业领域内,信息的分割也十分明显,目前,二维图纸(包括纸质图纸和电子图纸)和说明依然是建设生产过程中最主要的信息媒介,二维图纸将各专业的产品信息分割成平面图、立面图、剖面图、大样图,每一份图纸都只是有关整体的孤立表达,这种分割不仅限制了工作人员对建筑产品信息的理解和把握,而且也是造成产品信息错误的根源(张洋,2011)。

BIM 的应用可以从根本上改变当前建筑产品信息割裂的情况。首先,BIM 的应用可以实现各专业内的产品信息集成。BIM 本身就可作为模型协同工作平台,BIM 以集成的方式表达了传统二维图纸零散的产品信息,同时也可以方便地实现产品信息的分解,BIM 可以根据工程需要生成平面图、立面图、剖面图、大样图等,这对建筑工作人员理解和使用建筑产品信息大有好处。

其次,BIM 的应用可以实现不同专业间产品信息的集成。当前,全球最大的 BIM 软件开发商都积极遵从国际协同工作联盟制定的信息标准进行软件开发,这意味着不同软件系统间按照统一的信息标准可以实现信息的协同,借助于专业的产品信息集成系统,就可以将各专业产品信息集成为综合产品信息模型,该模型可用于更加复杂的分析和模拟工作,如利用集成后产品信息模型可以对不同专业的产品信息模型进行冲突检查,在施工前发现和消除不同专业系统间的冲突,保证不同专业间产品信息的统一性和协调性。

第三,BIM 的应用可以实现不同阶段产品信息的集成。BIM 中的信息都是可运算的数字化信息,前一阶段组织完成的成果可以直接被后续组织利用,保证信息在不同阶段无缝传递,随着建设阶段的推进,BIM 中富含的信息会越来越丰富。

4.2.4　BIM 催化项目全寿命周期的集成化管理

BIM 作为一种新的生产工具对传统的建设生产模式产生了巨大的冲击,这种冲击并不仅仅是体现在生产工具的变革上,也体现在对生产流程、组织合作方式的改变及组织间的权利和义务的重新定义,正是这些差异使 BIM 对应用环境的要求与传统的生产工具有很大的区别。

首先,BIM 的应用需要下游项目参与方及早进入项目与上游参与方共同对 BIM 的应用事宜进行规划,如选择 BIM 工具、明确 BIM 要实现的功能、定义信息在不同组织间的流转方式等,而集成化的建设模式在这方面具有明显的优势。

其次,BIM 的应用需要项目组织间加强联系。在基于模型的生产流程下,信息的可达性和可用性都将极大提高,上游参与方创建的信息将会给下游的使用者带来更多的价值。但是在传统的建设模式下,上下游的组织间缺少直接的经济关联,上游的模型创建者并不愿意将其创建的信息模型直接交给下游的使用者,而在集成化建设模式下,如 DB 模式,设计方与施工方作为一个联合体来共同承担责任和分享成果,这将有效突破传统建设模式下 BIM 的应用障碍,促进组织间的信息共享。

第三,BIM 的应用需要组织间加强合作。在集成化的建设模式下,组织间的合作要比在传统的建设模式下更容易,良好的组织合作氛围也会促进 BIM 的应用向纵深发展。BIM 对建设环境的要求将会促进建设方式向集成化方式发展。

4.3 基于 BIM 的项目管理模式的理论分析

4.3.1 工程项目管理模式分析

工程项目管理的传统模式有以下三种。

1）传统的项目管理模式

传统的项目管理方式是国际上通用的模式。该通用模式的优点有：

（1）鉴于在国际上长时间的采用，其具有较为成熟的管理方法，项目各方对相关的程序较为熟悉。

（2）能够自由地进行监理人员的选择对工程进行监理。

（3）招投标前，已完成设计图纸，业主对项目的费用有较清楚的了解。

（4）能够自由地进行咨询设计人员的选择，有效控制设计要求。

通用模式的缺点有：

（1）较长的项目周期以及较高的前期投入和业主管理费；

（2）在合同变更时将产生相对多的索赔（孙琳琳，2006）。

2）建造→运营→移交模式（Build-Operate-Transfer）

该模式兴于 20 世纪 80 年代，是当时国外采用较多的一种依靠国外私人资本进行基础设施建设的一种融资和建造的项目管理方式。BOT 方式是指东道国政府开放本国基础设施和运营市场，吸收国外资金，授给项目公司以特许权，由该公司负责融资和组织建设，建成后负责运营及还贷款。在特许期满时将工程移交给东道国政府。

3）建筑工程管理方式（Construction Management Approach）

建筑工程管理方式简称 CM 模式，该模式亦称快速轨道方式，阶段发包方式。

CM 模式是一种国外普遍采用的合同管理模式。所谓 CM 模式，是当采用快速路径法进行建筑施工时，一开始就选用有工程经验的工程管理单位，旨在使其负责管理施工过程以及给设计人员提供施工建议。建筑工程管理方式有以下两种：①代理型 CM 模式（Agency CM）。在该模式下，业主的咨询与代理是 CM 经理。业主同承包商进行工程施工合同的签订是在施工的各阶段。②非代理型 CM 模式。建筑工程管理方式具有较大的风险，承包人和业主以及分包人都可能施以压力于设计单位，倘若他们之间没有协调好就会影响到设计质量。

随着项目管理模式的发展，适应高效的生产管理模式，避免传统模式的诸多弊端，产生了很多新的管理模式，这些管理模式的特点都趋向于集成化，有利于 BIM 技术的顺利实施，新型管理模式主要包含以下四种：

（1）Partnering 模式

该模式是基于工程参与各方同业主间的资源共享以及相互信任，进而实现一种具有长期性（短期性）的协议，在全面的考虑到建设工程参与各方的利益的前提下，明确建设工程共同的目标。组建施工小组，从而进行及时地交流，有效地防止诉讼以及争议的产生，对于在建设工程施工的过程中遇到的难题，要互相合作，共同地解决，一起承担工程风险以及相关费用,从而实现建设工程参与各方的利益与目标。

(2) EPC 模式(Engineering-Procurement-Construction)

该模式兴于 20 世纪 80 年代的美国,工程的大部分风险由承包商所承担,业主代表或者业主对工程实施进行管理,广泛地受到一些希望尽快明确建设周期以及投资总额的业主的好评,这些年,EPC 模式在国际工程承包市场中的应用在不断地扩大。

(3) Project Controlling 模式(简称 PC 模式)

该模式首次出现于 20 世纪 90 年代中期的德国,同时形成相应的理论。按照业主组织结构的详细情况以及建设工程的特点,PC 模式能够分成两种类型:①单平面;②多平面。Project Controlling 模式的产生体现了专业分工的细化,易言之,是建设项目管理专业化发展的一种新的趋势。Project Controlling 模式一般应用在大型和特大型建设工程。

(4) 项目管理承包(Project Management Contractor)

该模式是指项目管理承包商代表业主对工程的招标、采购、整体规划以及项目定义等进行全方位、全过程的管理,而对于一些,诸如,项目的试运行、设计和施工等阶段的具体工作不进行直接参与。项目管理承包模式不仅能够帮助业主节约项目投资,有利于业主获取融资,而且能够精简业主建设期管理机构(马仁俭,2003)。

4.3.2　基于 BIM 的集成综合交付模式

近年来,建筑产品建设过程正在变得高度全球化,这使项目成本预测更加复杂、建筑材料要求更加难以预测,外包和不断转变的人员情况也使员工配比变得全球化,这催生了对于与协作流程相关的新能力的需求,同时在全球形成了新的竞争格局,并且由于越来越奇特的建筑形式、复杂的建筑工艺、新的项目交付标准法规限制、大型项目团队人员之间的项目交互和业主要求也使建筑项目本身变得越来越复杂。

从项目管理体系本身的发展来看,项目交付方式很大程度上决定项目管理所使用的模式。在传统的项目管理模式中,建设项目参与者的集成化程度差,设计和施工处于独立进行的运作状态,设计商和承包商之间、总承包商和分包商之间、总承包商和供应商之间、分包商和供应商之间、业主和总承包商之间缺乏长期的合作关系,项目的各成员往往只关注企业自身利益的最大化,协同决策的水平低,造成建设项目中的局部最优化而不是整体最优化;总承包商和分包商之间以及总承包商和供应商之间长期存在的不信任关系,使企业之间不愿意共享信息,信息不对称性突出;成员之间出于自身利益的考虑,在建设过程中存在不同程度的隐藏行为,如分包商进度计划的调整、不同生产水平劳动人员的更换、不符合设计要求的材料的替换、供应商材料供应计划的调整和变更等。这种行为往往不被察觉或者事后才被发现,隐藏行为以及对隐藏行为的处理将对建设项目的管理造成不利影响。

4.3.2.1　建设项目 IPD 的概念

美国建筑师学会(AIA)将综合项目交付定义为"一种项目交付方法",即:将建设工程项目中的人员、系统、业务结构和实践全部集成到一个流程中。在该流程中,所有参与者将充分发挥自己的智慧和才华,在设计、制造和施工等所有阶段优化项目成效、为业主增加价值、减少浪费并最大限度提高效率(徐韫玺等,2011)。

IPD 的主要思想是将项目中的关键参与者通过协同机制组成一个协作、集成、高效的项目团队,团队中的参与成员要基于信任、透明的工作流程和有效协作、信息共享原则组建,团队的成功就代表项目的成功,因此需要共担风险、共享收益,基于价值进行决策,最大限度发挥每一类参与者的潜力,共享每一份知识。

BIM 技术的提出和完善促进了 IPD 模式的发展和应用,BIM 是通过计算机软件来形象化、数字化的模拟工程项目中设计、施工和运行的技术。BIM 技术源于 CAD 技术,而 BIM 技术不仅仅是一个新型的软件,更是对建筑理解和设计的一种新思路。BIM 技术的资料库和模型是贯穿项目始终的,因此为工程项目的早期合作提供了平台。BIM 技术运用三维空间,通过模拟使设计和施工的合作更加紧密和形象,是否能将工程项目中的时间、成本等因素作为第四维、第五维甚至更多维的因素引入 BIM 模型,更好地实现项目的目标并获得最大利润,则要依赖于 BIM 技术的革新和发展。

以基于 BIM 模型的协同技术作为交流平台,就建筑的设计、施工和生命周期管理进行协作,从而为业主提供最优化产品,其核心是以设计、施工到运营的协调、可靠的项目信息为基础而构建的集成化协同流程。通过该流程,建筑师、工程师、承包商和业主能够轻松创建协调一致的数字设计信息与文档,使用上述信息可以进行可视化设计、模拟和分析建筑物的性能、外观和成本,并增加项目交付的速度,降低项目成本并减轻对环境的影响。

4.3.2.2 建设项目 IPD 特征

IPD 是以信息及知识整合为基础,是信息技术、协同技术与业务流程创新相互融合所产生的新的项目组织及管理模式。建筑信息模型(BIM)是 IPD 模式能够得以实现高度协同的重要基础支撑,BIM 能够作为工程项目信息的共享知识资源,从项目生命周期开始就为其奠定可靠的决策基础,使不同参与者在项目生命周期的不同阶段进行协作,输入、提取、更新或者修改 BIM 信息。IPD 基于 BIM 构建了从设计、施工到运营的高度协作流程,通过采用该流程,建筑师、工程师、承包商和业主能够创建协调一致的数字设计信息与文档,利用 BIM 来进行可视化仿真、模拟和分析性能、外观和成本,这样高度协作的流程将有助于在项目的前期阶段加深对项目的了解,支持业主及其 IPD 团队更加有效的评估项目方案,并思考如何使之与业务目标一致。可见,IPD 可以作为一种新的项目交付的方法论,通过改变项目参与者之间的合作关系,从协同的角度,加大参与者之间的合作与创新,对协同的过程不断进行优化及持续性改进,强调项目的整体利益及所有参与者能力的提升。

根据 AIA 对 IPD 的定义,IPD 具有下面的一些特征:

(1) 具有协作程度非常高的流程,该流程应该覆盖建设项目从建筑设计、施工到项目交付的全过程阶段,能够使用 BIM 和其他协同技术为项目交付的所有参与者提供出色和高效的协作方法,并为向综合数字协作(以战略合作伙伴共享成果、共担风险、分享利润为特点)转变这一趋势提供支持。

(2) 需要大量依靠个人及专业技术知识,IPD 中项目演示方法正在从二维工程图转向数字模型(BIM),演示与分析同步进行。

(3) 项目利益相关方之间建立基于 BIM 的开放信息共享。BIM 的主要作用是减少和消灭项目设计、施工、运营过程中的不确定性和不可预见性,BIM 通过使用建筑物的虚拟信息模型对建筑物各种可能碰到的问题进行模拟、分析、解决,从而防止例外或意外的发生。BIM 的主要方式是应用直观、完整、关联的 BIM 模型,通过提高所有项目参与人员建立、理解、传递项目信息的效率和降低出错概率,使上述减少甚至消灭项目不确定性和不可预见性在经济上成为可能。

（4）建立协作式合作伙伴关系。团队成功与项目成功息息相关,团队共担风险,共享成果。

（5）基于价值的决策。基于协作式数字模型来支持基于整体价值决策的新型合作伙伴关系(包括业主及时主动的参与),IPD 会产生关注施工/生命周期的设计师和关注设计的建筑商,共同管理项目流程和业绩标准,更加重视价值和成本。

（6）改善采购和进度安排。通过时间建模(有时称作四维建模)和成本建模技术,预测施工现场减速/停工时间,并改善各方基层协调、重叠和阶段划分,从而革新采购和项目进度安排。

（7）提升成本效率。通过面向设计师到分包商采用预制工作流并实施更高的安装精度,减轻协调错误、错误装配和欠妥安装的成本影响。通过消除这些不必要错误所导致的项目进度延缓赔偿,减少超时劳动和额外费用。通过改善项目日程设定来加速施工流程,从而降低一般费用、保险费和运输成本。

（8）改善交付文档。通过使所有文档转向以 BIM 为中心的方法,改变交付文档,尤其是传统的实际构建/记录工程图的原有质量。转变在设计与施工到设施管理过程中生成的数字模型,支持业主/运营商将其用于建筑生命周期管理。

（9）利用新技术。新型工具和技术是综合设计实践和施工的主要支持因素。这些因素包括:BIM 设计工具、基于模型的分析(利用基于 BIM 的数据和数字分析工具,在设计流程中了解项目能耗、结构性能、成本估算和其他推理信息)、四维建模、三维模型装配、基于模型的 BOM 表等。

4.3.2.3　建设项目 IPD 协同管理实施方法

1）建设项目 IPD 协同管理实施原则

IPD 的关键是项目参与者之间有效的协同机制,而参与者之间协同则是要建立在信任的基础之上。合理的项目组织架构、基于信任的协同合作将激励项目参与者关注于整个项目的产出,而不是传统模式中只关注各自的利益目标。没有基于信任的协同合作,项目参与者之间将仍然保持传统交付模式中的怀疑和敌对关系,IPD 模式必然会失败。IPD 模式的目标是要提供更好的建筑产品,然而如果项目参与者建造过程中不是对最终建筑产品负责,就不会取得这样的目标,因此在 IPD 模式的建设项目中,所有的项目参与者及项目的组织模式必须要遵守下列的原则(徐韫玺,等 2011):

（1）相互尊重与信任。在 IPD 项目中,业主、设计者、咨询师、工程师、承包商、供应商等参与者需要充分理解协同合作的价值,并能够基于相互尊重与信任去完成项目的各项产出。

（2）协同创新与决策。当信息在项目所有参与者之间充分共享、交换时,创新自然就会被激发出来,在 IPD 中,判断一个建议的标准不是根据提出建议参与者所处的角色,而是根据该建议是否能够更好地促进项目的实施,在关键问题上,采用集体群决策的方法,保证决策能够最大程度保证项目的成功。

（3）关键参与者更早参与。IPD 项目中,需要项目关键的参与者在项目的概念化阶段就参与项目的需求讨论与决策,这样在早期就可以充分利用所有人的专业知识和专业技能去共同制定项目的决策,从而使项目从初期开始的决策能力就得到很大提升。

（4）更早的目标确定。IPD 项目中,需要在项目开始阶段就由所有项目参与者共同制定项目的目标,由于该目标制定中会充分考虑每个参与者角色的想法、意图,因此目标会代表所有参与者最终的价值产出,从而激发每个参与者在项目过程中的积极性和创新能力,并将项目的目标作为自己的目标。

(5)加强规划。IPD 的方法加强在规划阶段的工作,将提供在执行阶段的效率及成本,在设计阶段集成众多参与者的目的并不是为了减轻建筑师的工作,而是为了提供设计的能力,减轻及缩短施工阶段的高成本的活动。

(6)先进的技术。IPD 项目的实施需要依赖先进的协同技术,协同技术能够使 IPD 方法发挥最大的效用,基于学科领域标准与透明数据结构开放和可交互的建筑信息模型是 IPD 项目的基础,在 BIM 上可以使项目参与者进行无障碍的沟通与协作(徐奇升等,2012)。

2)建设项目 IPD 协同管理团队组织

IPD 方法的一个关键点就是项目团队的建立与组织,IPD 团队要求必须能够集中在一个高效的协同流程内,相互配合、相互信任的协同工作。为了达到这个目标,在团队建立时,必须要考虑以下问题:

(1)在项目尽可能早的阶段中,去识别、确认项目中每个参与者的角色。

(2)要充分考虑与项目相关的其他参与者与项目的关系,如项目官员、当地公共事业单位、保险商等。

(3)能够在项目参与者充分相互理解的基础上定义项目的价值、目标及利益。

(4)确定与项目参与者的需求与约束相一致并最适合 IPD 的组织架构,不同于传统项目交付中基于严格约束的方法,在 IPD 中可以根据项目的特点进行灵活调整。

(5)制定项目协议定义项目参与者的角色与责任,项目参与者角色和责任的定义是通过参与者签署 IPD 多方协议来完成的,在 IPD 的各个阶段中,各个参与者之间的协同合作关系,以及赔偿、义务及风险分配等有关的关键性条款必须要进行清晰的定义与规定,这将有助于促进参与者之间的开放交流与协同合作,2009 年 11 月美国建筑师协会发布了 IPD 多方协议的合同模板。

3)建设项目 IPD 协同管理框架设计

建设项目 IPD 是一种能够使建设项目所有参与者、系统、业务结构和实践全部集成到一个高效协同流程中的项目交付方法,而该方法的成功实施则必须要依赖于 3 个因素:能够作为建设项目信息共享与交流平台的 BIM,高度协同的工作流,基于价值的决策方法与手段(徐韫玺等,2011)。

(1)开放的建筑信息模型。基于开发标准的 BIM 能够为项目参与者之间提供有效的信息交流、共享手段,增加参与者之间的信任程度。

(2)高度协同的工作流。必须要有协作程度非常高的工作流能够覆盖建筑设计、施工和项目交付的全过程。

(3)基于价值的决策手段与方法。在 IPD 模式的协同工作中,基于所有参与者共同参与的群决策技术为定制项目计划、产出及解决突发问题提供了有效的支持手段。

4.3.2.4 IPD 模式应用现状及其应用中的障碍

自开始创立到现在,IPD 模式一直在不断地完善,关于 IPD 模式的理论研究更加深入、具体,最终结果是要将其运用到实践当中,为实际的工程项目服务,创造出更好的效益。IPD 模式已在实际应用中,通过项目各参与方的合作和信息共享,以及 BIM 技术的支持体现出其优越性,提高了项目效率和收益,并且减少了其中的浪费,得到了广泛的认可。然而,IPD

模式的健全和完善还需要一个缓慢的过程,和 IPD 模式这种一体化方式相适应的法律及相关行业约束还要进一步完善,IPD 模式应用中的一些障碍问题还需要得到进一步的分析和解决(张连营,赵旭,2011)。

1) 信任障碍

IPD 模式的核心是合作,从各参与方在项目早期介入项目开始,合作贯穿整个项目的周期。而融洽的合作氛围和显著的合作成果是建立在信任基础上的,因此,为了实现项目目标并且获得最大收益,就要求项目各参与方之间互相信任、互相尊重、紧密合作。在 IPD 模式中存在的信任障碍对各参与方间的合作和信息的共享都会造成不良影响,更会直接影响到项目目标的实现。造成 IPD 模式实际应用中信任障碍的原因是多方面的。首先,项目各参与方都是独立的企业或者机构,为了维持其自身生存发展的需求,必须通过工程项目来实现尽可能多的收益,不能做亏本生意。项目的各参与方都想通过项目谋求更大的收益空间,这样势必会造成利益冲突,引起各参与方之间的信任问题。其次,一部分参与方在之前的工程项目中有过合作,在这种情况下,以前的合作经验和印象将会影响信任。而另一部分没有合作交流基础的,在合作以前只能以外界评论作为信任依据。由于各参与方都具有自我保护意识,这样就使在此前没有交流的双方很难在项目开始时就相互信任,造成信任障碍。最后,信任是不能准确衡量的,这样使信任问题产生时不能被及早发现,不能得到妥善解决。

2) 责任承担障碍

在工程项目中,各参与方的责任划分是非常重要的,不仅影响到项目建设过程中的工作范围问题,更关系到项目建设和运营期间意外事故的责任承担问题。在 IPD 模式下,项目各参与方的责任不是独立分隔开的,而是协调在一起的,这样就会在实际应用中带来一些障碍。一方面,对于从项目初期开始的整个项目周期内出现的事故和意外情况,由于没有清晰的责任划分,就会出现项目各参与方为自己寻找理由推卸责任,最终导致无人承担责任的情况;另一方面,责任划分不清晰还会使项目过程中管理和执行的难度加大,进而影响整个项目的实现。出现责任障碍的原因主要有以下几个方面:

(1) IPD 模式要求项目各参与方之间互相合作,使各参与方的责任互相协调融合在一起,共同承担责任。这样的责任形式不利于责任明确划分,并且为以后责任的推脱提供可乘之机。

(2) 当项目各参与方面对责任问题时,为了自身利益和名誉,很多时候是选择逃避而不是主动承担。主观意识上对责任的推卸,会使责任划分不清晰的情况更加严重,进而造成更大的责任问题。

(3) 在 IPD 模式下,各参与方在项目初期就介入项目,协力合作直至项目交付,整个过程中的每个阶段都是由多方参与和合作完成的,更加不利于责任的界定。

3) 激励障碍

在 IPD 模式下,项目各参与方之间的合作和信息共享,都要求其着眼于项目的利益而不是自身的利益,为完成项目的目标付出努力。但是要让所有项目参与方都意识到项目的利益大于自身的利益,需要强有力的激励措施,以及与其相适应的机制。而激励措施的不得当,会造成项目各参与方之间的合作气氛不融洽,导致合作过程中出现问题,这样就违背了 IPD 模式的宗旨。而激励障碍的产生是有着多方面原因的。首先,IPD 模式的报酬机制要求把个人的报酬与项目的利益紧密相连,这是一种被迫的激励方式,并没有从根本上解决问题,没有从项目各参与方的切身需求和自我价值的实现方面进行激励。所以,这样强制性的约束方式是治标不治本的,根本的解决方案是寻求更好的激励措施。其次,项目各参与方本身是独立的机构或者企业,为了自身的生存和发展,他们必须着眼于自身的利益,并且通过项目来获得收益。这样一来,怎样运用恰当的激励措施使得他们认识到项目的利益大于自身利益,并且在实际工作中体现出来是很困难的。再次,传统的激励措施是针对个人的,而在 IPD 模式中,激励的目标群体不只停留在个人,而是站在项目的高度对项目各参与方进行激励,使得激励措施的难度增加(张连营,赵旭,2011)。

4)风险分担和收益分配障碍

IPD 模式要求项目各参与方共同承担风险,并且按照不同项目环境合理分配收益。这样的风险分担和收益分配是和其合作的理念相适应的,尽可能地规避风险同时实现收益的合理分配。但是应用到实际中会存在很多障碍。其问题及其原因主要表现在以下几点:

(1)由于风险的共同承担,当风险对不同参与方的威胁程度不同时,就很难界定各参与方之间的风险承担程度。这样就会造成一部分参与方对风险逃避,而另外一部分受到无辜的牵连,造成内部争执影响项目的实施。

(2)由于项目各个阶段都是由多个参与方共同合作完成的,并且共同承担风险,所以在项目过程中的风险管理也要依赖于多个参与方的合作,加大风险管理的难度。

(3)在收益的分配方面,有形的收益可以按照工作范围及对项目的贡献进行分配,但对于项目过程中产生的无形资产或意外收入,则会出现分配问题上的争执。

与传统交易模式相比,IPD 模式可以从多方面优化工程项目,使其达到收益大、浪费少的目的。IPD 模式实现了让项目所有参与方坐在一起,在遵循 IPD 模式原则的前提下,为了项目的目标协力合作,并且最终使项目的效率提升,收益空间增加。经过不断演化和更新的 IPD 模式,将会更加完善并且体现出更多的优点。但是,必须承认的是 IPD 模式在实际的应用中还有很多不足之处,有待改进。随着科学技术的不断进步和一代代学者的潜心钻研,IPD 模式将会克服种种障碍,使工程项目取得更大的改善和优化。

4.4 BIM 应用于项目全寿命周期的障碍分析

4.4.1 BIM 应用现状的文献梳理

随着 BIM 应用范围的不断扩大,BIM 应用过程中存在的问题也日益凸现,非技术因素如经济、组织管理等问题正日益上升为限制 BIM 应用的关键因素。传统的建设生产模式的信息交换基础是二维的图形文件,其业务流程、信息使用和交换方式都是建立在图形文件的基础之上。而基于 BIM 的生产模式是以模型为主要的信息交流媒介,因此,如果在传统的工程建设系统中应用 BIM 会产生诸多"不适"。

2005 年,Ian Howel 和 Bob Batcheler 对 2001—2004 年间应用 BIM 的多个项目进行调研,研究发现 BIM 软件复杂模型的操作处理困难、模型分析工具缺少对不同环境下的适应性(缺少信息交换的标准)是影响 BIM 应用的技术因素;项目组织在传统的工作模式下形成的责任和义务关系阻碍了参与方利用 BIM 进行协同工作,传统的项目交付体系下的合同关系不利于 BIM 信息的交换,各项目参与方缺乏应用 BIM 的动力。

2006 年,美国总承包商协会在对美国承包商应用 BIM 的情况进行总结后颁布了《承包商应用 BIM 指导书》,报告指出:承包商应用 BIM 的障碍主要有:项目参与方在割裂关系下对协作抵触、应用 BIM 效果不确定性的恐惧、缺少 BIM 启动资金、软件的复杂难以掌握及得不到公司总部的支持等。2006 年,AIA、CIFE、CURT 共同组织了对 VDC/BIM 的调研会,来自 32 个项目的 39 位与会者对各自项目上应用 BIM 的情况进行了交流,大部分与会者都认为 BIM 确实能给各项目参与方带来价值,但这些价值在现阶段难以量化阻碍了 BIM 的应用。

2007 年,由斯坦福大学设施集成化工程中心 CIFE、美国钢结构协会 AISC、美国建筑业律师协会 ACCL 联合主办了 BIM 应用研讨会并发布了会议报告,该报告指出传统项目交易模式下 BIM 应用的主要阻碍包括:项目参与方对技术变化的抵触、业内对 BIM 应用缺乏激励措施、参与方缺少模型共享的意愿、合同关系不能有效促进模型的信息共享、模型的精度不确定、建立和使用模型的责任关系不明确、法律原因、信息丢失下的保险问题、缺乏针对 BIM 应用的标准合同语言、软件和信息的互操作性差等。《BIM 手册——对业主、设计方、工程师、承包商、管理方应用 BIM 的指导》一书中指出,当前建筑业的生产过程依然处于分割状态,在此建筑生产模式下应用 BIM 会遇到诸多障碍,包含过程障碍与技术障碍。过程障碍指现有合同模式不适合 BIM 的应用、项目应用 BIM 滞后于传统程序、BIM 应用培训少且费用高、项目参与方对 BIM 的参与程度低(缺乏参与热情)、法律问题、基于 BIM 的管理水平低等。技术障碍包括软件之间的集成度和缺少信息交换的标准。Patrick J. O'Connor (2007)指出:对于 BIM 的应用,当前最紧迫的问题就是当前的法律和合同体系无法为 BIM 的全面应用提供保障。

2008 年,斯坦福大学的高炬博士在对全球 34 个应用 3D/4D 项目的调研报告中指出传统的组织结构和分工体系造成的目前项目组织间较低的协同程度是阻碍 BIM 应用的重要原因。2008 年,美国著名的建筑企业集团,全球 500 强公司 Mcgraw Hill 公司发布的 BIM 调查报告指出,除技术问题和经济问题外,僵化的生产流程、对使用 BIM 的项目缺乏必要的激励措施已成为 BIM 应用过程中的主要障碍。Guillermo Aranda-Mena 等(2008)对目前建筑业交易模式对 BIM 的支持度分析认为,法律因素、项目参与方的理解、实施方的高层支持因素是影响 BIM 应用的重要因素。另外,组织结构的重组和流程的重新构建,充分合适的培训对于 BIM 应用也有重要影响。

斯坦福大学 Martin Fischer 教授(2009)指出,缺少不同软件的共同标准及 IFC 未能广泛应用,基于 BIM 模型的应用软件较少是造成目前 BIM 不能广泛应用的两大原因。

荷兰 Rizal Sebastian 教授(2010)对 DBB 模式下 BIM 在小项目上的应用进行了分析,指出设计阶段对施工总包及分包方的知识和能力的整合是应用 BIM 的难点所在,而设计阶段的 BIM 各种功能并不能完全被施工方应用。工业化建筑生产与施工现场的技术要求有一定差距。

Rizal Sebastian 教授(2010)对荷兰的医疗中心建设中应用 BIM 的项目进行调研,对设计方、施工方在应用 BIM 中角色变化进行分析。认为 BIM 的应用不会改变原有的合同关系,但是对于不同阶段工作量的变化会导致合同的支付进度与传统模式有一定差别,实践中,尤其设计方的责任观趋同于传统模式下的责任,设计方建立的模型已经偏离 BIM 应用对其的要求。在 DBB 模式下,BIM 的应用要解决"POWER"的问题:信息共享 product information sharing（P），组织协同 organisational roles synergy（O），流程的协同 work processes coordination（W），构建良好的工作团队环境 environment for teamwork（E），信息整合 reference data consolidation（R）。目前而言在传统项目交易模式下,BIM 应用的标准合同以及项目参与各方责任和角色的不明晰是限制 BIM 应用的主要障碍。

Andy K. D. Wong 等(2010)对六个国家和地区(美国、丹麦、挪威、芬兰、新加坡、中国香港)BIM 应用的情况和 BIM 的推动因素进行分析后认为,诸多的项目参与方造成的项目合作环境恶劣是导致 BIM 应用的主要障碍,并且,在割裂的流程框架下,项目参与方的角色和责任并不明晰,政府或行业协会对 BIM 的应用缺乏一定的政策性的引导。而若想推动 BIM 的实施需要在政策、BIM 组织机构、信息交换能力、研究领域的细致划分、构建 BIM 应用方案等方面努力。Dean B. Thomson 等(2010)对 BIM 应用下合同风险的变化研究说明,传统的合同关系和流程组织是限制 BIM 应用的主要障碍,设计师不能为应用 BIM 获得额外的经济激励,而施工方和分包商仍然以原始的 2D 图纸作为信息渠道,若这不改变,2D 将继续是建筑业主要的信息交流介质。J. Lucas 等(2010)对基于 BIM 的项目信息的产生、存储、应用进行了研究,并以 BIM 对项目全生命周期内信息应用支持为例,研究表明,全过程的信息结构规划的欠缺是限制 BIM 应用的主要障碍。David C. Kent 等(2010)对建筑业对于 IPD 的态度和经验分析研究,在 BIM 的推广过程中缺乏标准的 BIM 应用合同文本和组织合作框架体系是目前 BIM 推广的障碍。樊红旗、李恒(2010)等对 BIM 在香港地区的应用进行研究,指出 BIM 应用的主要障碍有:项目参与方对于变化的抵制、对于 BIM 价值的缺乏认同、缺少软件间的信息交换标准、缺少 BIM 的培训。并且,软件的信息交换问题是 BIM 应用的最大障碍。张建新(2010)对 BIM 在设计行业内的应用障碍研究认为,设计行业随 BIM 的应用集成程度提高,但是由于现有建筑行业体制、行业规程及法律责任界限不明等,对 BIM 应用形成障碍。具体的障碍因素表现为:设计师设计思维及方法的转型障碍,设计企业短视现象严重的障碍,业主变革驱动力不足的障碍,BIM 技术本身的缺陷障碍,现有建筑行业体制、行业规程及法律责任界限不明的障碍。其中,建筑行业体制对于传统设计方法的不足的容忍及法律对于 BIM 应用的责任划分的不清晰是 BIM 应用的首要障碍。

4.4.2 主要阻碍因素的分析

目前对于 BIM 应用的主要障碍:传统的业务流程、合同关系下相关方责任不明晰、组织内外的合作关系、BIM 应用效果的不确定性、BIM 应用效益无法量化、缺乏标准的合同语言、信息共享能力、针对全过程的组织架构、应用 BIM 的成本、基于 BIM 的管理能力、高层支持、法律支持等。

文献中的 BIM 应用影响因素多是片面的,并且没有系统的整理。为此,本章对 BIM 应用的障碍进行分析,并根据文献将上述障碍因素分为合同因素、组织因素、流程因素和普遍因素。普遍因素为除去合同、组织、流程等障碍,BIM 由于自身技术不成熟和行业的落后而造成的障碍,其包括缺少应用标准、缺少应用培训、软硬件技术无法满足应用、管理层的支持、BIM 的效益不明显、法律环境、知识产权保护等。

通过文献的分析,对于文献中的主要障碍因素进行了归类和深化,形成障碍因素表格。如表 4-1 所示,分为组织因素、流程因素和合同因素、一般因素。

表4-1 BIM应用障碍总结表

类别	障 碍 因 素
组织因素	项目参与各方不支持应用BIM
	施工方BIM应用缺乏培训
	分包商BIM应用缺乏培训
	各方缺少推动BIM的团队
	各专业工程师不配合
	组织界面多,沟通协调困难
合同因素	传统合同责任义务割裂
	参与方BIM应用责任不明晰
	合同中缺少BIM激励或奖励条款
	合同中缺少信息共享和风险分担的条款
	合同支付进度不反应BIM效益
	合同中缺少对模型详细程度的条款
流程因素	设计施工的流程割裂
	缺少BIM的早期应用限制BIM的应用效果
	设计阶段无集成设计环境
	施工阶段无集成的施工环境
一般因素	建设工程行业内行业缺少BIM培训
	参与方高层领导不支持
	行业规范和法律不支持BIM应用
	行业内缺少信息共享标准
	目前各个软件间数据不能交互应用

4.5 理想建设环境下BIM对项目全寿命周期的应用过程及影响分析

4.5.1 理想状态下BIM在项目全寿命周期的模型传递过程分析

BIM应用的理想状态是各组织参与方以模型为中心和基础进行工作,同时各参与方在不同阶段不断增加和更新模型的信息,使BIM模型所包含的信息随着项目的进展不断更新,且作为各参与方沟通和信息共享的平台(图4-4)。

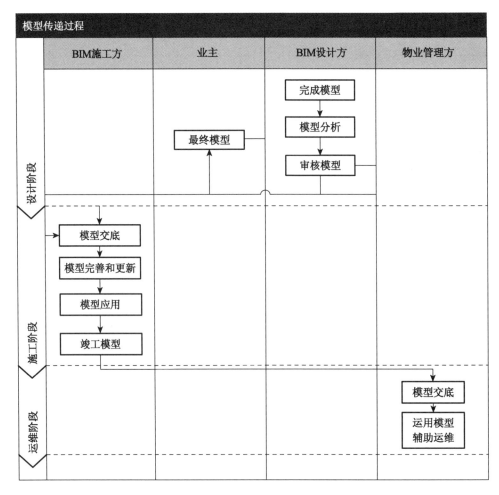

图 4-4　基于 BIM 的模型传递过程

4.5.2　BIM 在设计准备及设计阶段的应用过程及影响分析

在可行性研究阶段,通过 BIM 可以将设计构思以三维的形式展现,将整个项目进行模拟规划,可形象地看到项目建成后的效果图,便于项目决策者在项目前期阶段做出正确的决策。

在设计阶段,主要有可视化、协调、模拟与优化等应用。将二维图形转为三维模型,能自动生成各种图形和文档,可清楚表达设计师的设计创意。各专业可从信息模型平台中获取所需的设计参数和相关信息,不需要重复录入数据,某个专业设计的对象被修改,其他专业设计中的该对象会随之更新,便于不同专业间的沟通和交流。建立好三维模型可通过三维模拟预先建造实现设计碰撞检测(图 4-5)、能耗分析、成本预测等。在初步设计完成后可通过优化实现对图形的检测,尽量减少错误,保障施工的正确性。

目前,国内设计企业已开始在实践中探索 BIM 应用,然而多数应用 BIM 的设计单位对 BIM 的理解和应用仅限于软件应用层面。产生这种现状的原因主要有三种:第一,对 BIM 的认识和理解不彻底,仅仅将 BIM 看作三维可视化的呈现工具;第二,即使认识到 BIM 在设计阶段的应用理念,但不知如何实现 BIM 在设计阶段的其他价值;第三,认识到实现 BIM 价

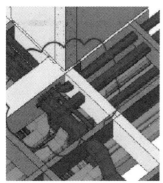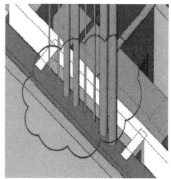

图 4-5　管线碰撞检查

值的途径,但迫于行业标准、内部传统组织方式、合同模式等各方面的阻碍因素而无法实现,只能停留在软件应用层面。

4.5.2.1　BIM 应用过程的现状分析

　　BIM 在软件层面的应用过程也是阻碍重重,缺乏标准化的管理流程和审核机制,同时 BIM 在此阶段的应用价值也难以在业主得到很好体现。当前 BIM 在设计阶段的应用流程基本有两种,一是基于设计院的二维图纸的建模(图 4-6);二是基于业主进一步应用的需求进行建模(图 4-7)。第二种流程较第一种的应用较为深入,从业主的需求出发,或者从模型后期的应用出发,有利于体现 BIM 的价值(张晓菲,2013)。

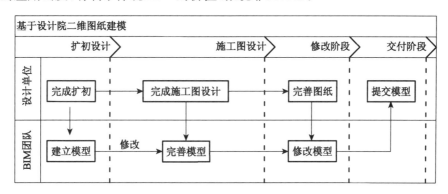

图 4-6　基于设计院二维图纸的模型传递过程

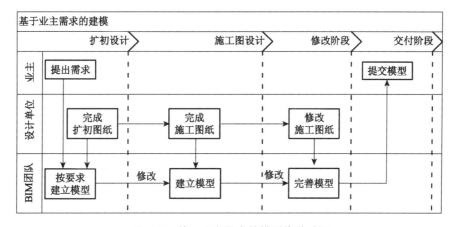

图 4-7　基于业主需求的模型传递过程

4.5.2.2　设计阶段 BIM 应用的问题分析及建议

基于以上两种模式,很多设计单位进行了诸多 BIM 项目实践,通过调查发现,在实践过程中出现了较多的问题和影响 BIM 顺利发展的障碍。针对出现的问题,总结以下四点:

1) 业主对 BIM 的需求不明确

目前大多数业主对 BIM 的了解尚浅,无法提出合理的 BIM 需求。项目启动前的需求无法明确,不仅在项目实施过程中的范围不清晰,还容易导致所完成的成果达不到业主满意度。业主便会根据完成的成果提出变更要求,这样业主和 BIM 设计单位陷入不断变更的循环中(图 4-8)。

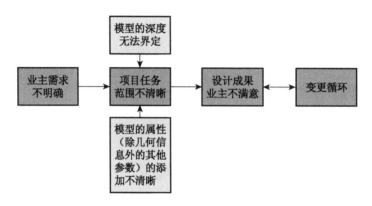

图 4-8　业主需求不明确引发的问题

目前情况下,BIM 的应用还处于初级阶段,要求业主对 BIM 提出明确的需求不太现实。这时,作为 BIM 专业团队,对 BIM 理解较为深刻,需帮助业主提出较明确的需求,为以后达到业主的满意度,避免后期的不断变更奠定基础。

2) 项目启动前的 BIM 标准不明确

BIM 标准按照应用范围分为:国际标准、国家标准、地方或行业标准、企业标准、项目标准、团队标准,范围越大的标准细致度和深度越低。

住建部"关于印发 2012 年工程建设标准规范制订修订计划的通知"宣告了中国 BIM 标准制定工作的正式启动,该计划中包含了如下五项与 BIM 有关的标准:《建筑工程信息模型应用统一标准》《建筑工程信息模型存储标准》《建筑工程设计信息模型交付标准》《建筑工程设计信息模型分类和编码标准》和《制造工业工程设计信息模型应用标准》,这几项标准无疑将对 BIM 的广泛应用带来巨大的推动力,但对于实施的 BIM 团队来说,需要在此基础上进一步细化,才能在项目实施过程中更加实用。

即使在 BIM 应用的初级阶段,每个 BIM 团队应建立适合团队应用的 BIM 标准,这是由建筑行业项目的特性所决定的。建筑业尤其需要项目团队之间更好的集成、合作和协同,这样在 BIM 团队内可提高效率,避免工作的重复性。

BIM 团队内部的标准包括业务标准(招投标标书模板、服务标准、人员配置标准等)、软件应用的标准(软件的类型、版本等)和信息模型的标准(基准设定、模型深度标准、扣减标准、属性设置标准、族的选用标准等),甚至细化到各类管线颜色的设置标准,这些标准的设定有利于 BIM 团队业务的开展和顺利实施,有助于形成成熟的标准化流程,增强 BIM 团队的核心竞争力。

3）项目实施过程的问题分析

每个项目都不是由个人完成，而是一个团队合作完成的，在 BIM 实践过程中会遇到协作过程中出现的问题，如信息模型在整合过程中的错漏较多，而整体模型的质量不达标，就无法在后期中合理地应用。

信息模型出现质量问题的原因主要有以下几点：第一，建模前团队中的标准不统一；第二，由于专业的局限性，对二维图纸的理解有误；第三，项目时间紧迫，建模过程中出现失误。

为解决以上问题，提高模型的质量，应在团队中建立内部审核机制（图 4-9），保证所出的模型质量满足要求。

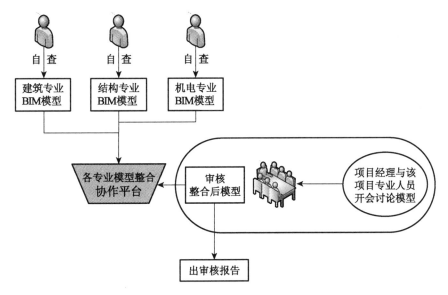

图 4-9　模型的审核过程

模型的审核机制包括自查和模型整合后的审核。自查不仅减少失误，而且基于对自己工作过程的熟识度能尽快修改模型，提高效率。模型的审核人员最好是参与本项目，对本项目有一定的熟识度，且有一定的专业基础，不仅包括软件应用，还包括建筑、机电等的专业知识。审核人员对模型审核结束后，应出相关的碰撞检测报告。

4.5.2.3　基于 BIM 理念的设计阶段流程的优化

如果期待停留在软件层面能够使得设计企业沿着 BIM 应用的发展轨迹自然发展，那就走向一个误区，其结果必然是使得设计企业在竞争中失去先机。为在众多设计企业的 BIM 应用中形成不可复制的核心竞争力，需要有大胆的创新意识，对传统的设计流程进行改革和创新。

通过对设计阶段的理念分析确定 BIM 在设计阶段应用的目标，进而梳理 BIM 在设计阶段应用的流程，为体现 BIM 的价值优化原有流程。设计阶段的工作流程受不同的合同模式（DBB 模式、EPC 模式）的影响，但本文对此将不做赘述，以实现 BIM 最大价值的模式作为讨论重点。本节流程优化分为两部分，第一部分基于现状对 BIM 团队的流程做梳理；第二部分将 BIM 团队与传统设计融合，优化传统设计流程。

1）BIM 团队业务流程的优化

对现有的 BIM 团队流程进行优化需对设计阶段的 BIM 实施进行合理的规划

（图 4-10）。软硬件的实施环境、建模标准的建立以及项目的具体需求是实施 BIM 项目的基础。

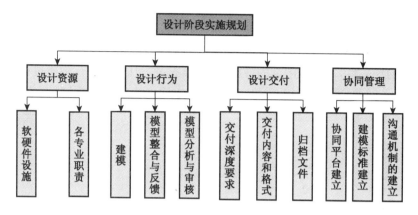

图 4-10　设计阶段 BIM 实施规划

做好基础性的准备后，对原有 BIM 实施过程进行梳理，并进行合理地优化，提高工作效率，提升交付件的质量。流程的优化过程从业主的需求出发，截止最终成果的交付（图 4-11）。

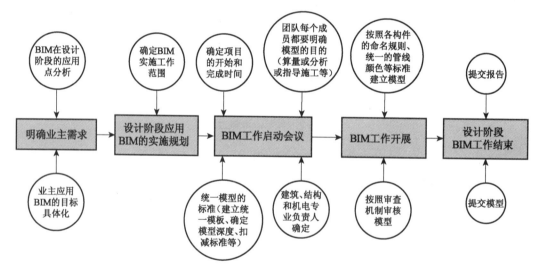

图 4-11　BIM 团队工作实施流程

2) BIM 团队与传统设计融合的流程规划

在设计阶段，BIM 团队与传统设计结合是密不可分的。对于业主来说，其最终目标是得到适于施工的高质量的设计成果，而传统设计与 BIM 之间的沟通协作过程不是业主关注的重点，业主更希望 BIM 团队与传统设计融合，让其得到高质量的设计成果。

BIM 团队与传统设计融合的方式有多种，包括 BIM 团队和传统设计院组成的联合体、设计院自带 BIM 团队等。不论哪种结合模式，将 BIM 融合到传统设计中，成为业主的需求和发展的趋势。BIM 团队与传统设计融合后的业务流程应进行合理规划，才能达到高效的合作，最终得到高质量的成果。在目前 BIM 实践基础上，根据 BIM 应用的特点和功能，对

BIM 团队与传统设计结合的流程进行规划(图 4-12)。

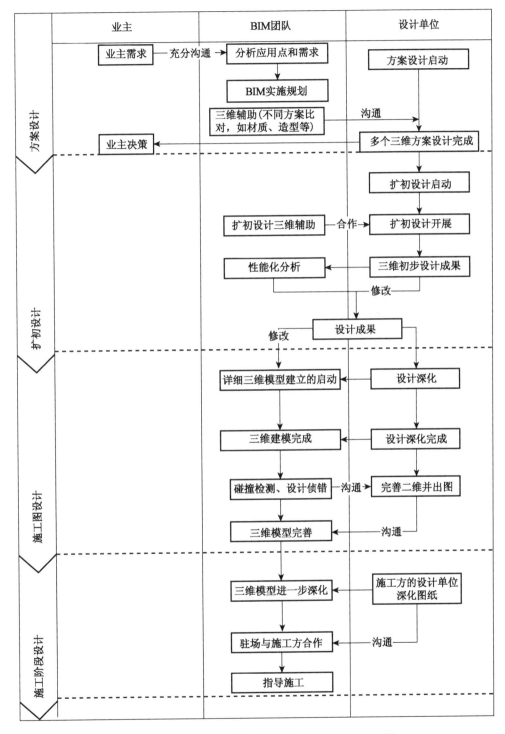

图 4-12　BIM 团队与传统设计融合后的工作流程规划

目前,BIM 团队与传统设计结合的流程规划是较为理想化的,BIM 团队在整个过程中充分起到优化设计,辅助深化设计,减少变更的作用。BIM 团队的工作范围可超出原有设计院的工作范围(BIM 团队的工作范围的确定与合同管理有关,有关这部分的内容在此暂不做考虑),不仅包括设计阶段,还包括部分施工阶段,这样不仅能得到优化后的设计图纸,而且能切实辅助施工方,从而保证业主的利益,保证项目最终设计质量和施工质量。

4.5.3 BIM 在招标采购阶段的应用过程及影响分析

4.5.3.1 供应商提供族的流程分析

在设计阶段,对于图纸中的重要设备和构件一般采用简单的族替代,但为了模型在运维阶段的可用性不受制约,应将真正的设备形状、型号、生产厂家以及维修人员联系方式等信息进一步完善到模型中。

模型完善的目标需要有设备供应商的配合,因此在对设备商招标投标的过程中应明确需求,使得供应商提供的族(三维模型)既能真实反映实际施工阶段的设备信息,还包含维修阶段所需的信息。为达到此目标,需要在以下几个环节与传统项目管理进行结合,并增加相关的工作内容(表 4-2)。

表 4-2 供应商提供设备族的工作内容

时间	工作内容
招标投标阶段	在招标书中明确供应商,除提供设备或构件外,还应提供相关的模型,并添加设备形状、型号、生产厂家、保修期等信息
审核阶段	供应商提供模型后,需交由 BIM 顾问或者 BIM 专业人员进行模型的审核,在确保质量的前提下,交给施工方整合到 BIM 模型中
施工阶段	按照模型进行施工
运维阶段	按照模型的信息进行运维管理

4.5.3.2 基于 BIM 进行预制件加工的过程分析

在基于 BIM 的建设模式下,分包商或构件预制单位会从建筑师或结构师那里继承建筑模型或结构模型,他们只需将建筑或结构中的模型导入到他们自己设计软件中进行设计,在装配图设计完成后,可以将装配模型与原来的建筑或结构模型导入到冲突检查软件中进行检查,发现不一致后可以和设计人员一起进行分析不一致的原因,然后到各自的模型中进行更改,修改完成后再进行冲突检查,直到没有冲突为止。基于 BIM 的施工图与装配图检查过程是利用计算机和智能化的软件完成原来需要人工完成的工作,不仅提高了检查的速度,而且也保证了检查过程更加客观。详细的流程见图 4-13。

BIM 的应用可以极大减少装配图设计、构件生产和安装时间,有研究表明,钢结构构件分包商利用 BIM 的自动化图纸创建与更新功能可以节省 50% 的设计时间(Crowley,2003)。BIM 的应用为缓解传统建设模式下构件预制问题提供了契机,使建设过程大量使用预制构件成为可能。目前在工程建设中,BIM 的预制件加工和装配的应用主要在于幕墙的预装配。

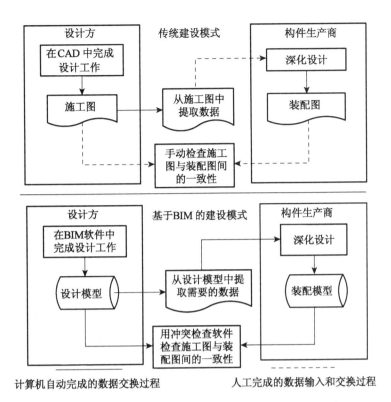

图 4-13　传统的与基于 BIM 的装配图与施工图冲突检查流程

4.5.4　BIM 在施工阶段的应用影响分析

在施工阶段主要有两方面的应用,分别为模拟施工和对施工进度、资源、成本等的监控。现在用 BIM 模型,在利用专业软件为工程建立了三维信息模型后,可在计算机上执行建造过程,BIM 模型可在实际建造之前对工程项目的功能及可建造性等潜在问题进行预测,包括施工方法实验、施工过程模拟及施工方案优化等。另外利用模型来做预制加工,提高工作效率,通过它还可以直观地体现施工的界面、顺序,而且将 4D 施工模拟与施工组织方案相结合,将设备材料进场,劳动力配置,机械排班等各项工作的安排变得最为有效经济地控制。比如说设备吊装方案,一些重要的施工步骤,用 4D 模拟的方式把它很明确地向业主、审批方展示出来。

4.5.4.1　BIM 对冲突检查过程的影响

工程建设是一项复杂的系统工程,涉及多学科、多工种的协同工作,需综合考虑建筑设施的功能、结构、空间、造型、环境、材料、设备等诸多因素,随着社会的发展,建筑物的功能和结构变得日趋复杂,造成系统冲突的因素也日渐增多,不同建筑系统间的冲突可分为两类:第一类为硬冲突,指构件在空间上的直接碰撞;第二类为软冲突,也称可建造性冲突,指的是构件间距离太近影响正常施工。传统的冲突检查工作是由人工完成的,主要依靠不同专业的设计人员集中起来进行"图纸会审",这种工作方式不仅效率低,而且受人为因素影响较大,可靠性不强,大量冲突会因人为因素未被发现而遗留至施工阶段,给工程建设造成重大损失,斯坦福大学的设施集成化工程中心(CIFE)的一项调查表明,建设过程因系统之间的冲突而带来的返工和变更给项目造成的损失最高可达项目建设成本的 10%(CIFE，2007)。因此,利用有效手段对设计冲突进行检测和消解,对提高整体的建设生产效率和质量极为重要。

为了克服人工检查的弊端,研究人员开发了基于 CAD 平台的冲突检查工具用以对建筑系统的冲突进行检查,这在一定程度上弥补了人工检查的缺憾,但基于 CAD 的冲突检查工具需要将二维的图形文件变为可被计算机识别的 3D 模型,这样就额外增加了设计人员的工作量,降低了冲突检查工具的易用性,而且因所建的 3D 模型欠缺语义信息使检查工作只能局限于构件的表面,而无法对系统内部的结构进行检查。基于 BIM 的冲突检查工具可以直接对设计方案进行检查,免去了由 2D 转换为 3D 的过程,提高了冲突检查工具的易用性,此外,因 BIM 内含构件的语义信息,不但可以发现构件表面存在的冲突,而且可以发现内在结构存在的冲突,并对冲突进行归类。基于 BIM 的冲突检查工具既支持单系统的冲突检查(如 MEP 系统),也支持多系统(建筑与结构系统)的冲突检查。

设计方案的冲突检查过程通常需要经过以下两个阶段:第一阶段是利用 BIM 设计工具对不同系统内部构件进行冲突检查,现在大部分的 BIM 设计工具都具有一定的冲突检查功能,设计人员可以在设计过程中对某一系统进行检查,一旦发现问题就可以及时修改,修改后的模型可再次进行检查直到系统不再存有冲突为止。第二阶段是利用 BIM 集成工具对不同的系统进行冲突检查。因为 BIM 设计软件只能对某一系统进行检查,而无法对不同专业的系统进行集成检查,因此在对各专业系统进行检查结束后需要采用专业的冲突检查软件对不同系统之间存在的冲突进行检查。相比 BIM 设计工具的冲突检查功能,专业的冲突检查软件提供的冲突检查功能更加强大,可能会将原来各系统内存在的冲突重新检查出来,发现的冲突在原模型中修改后可再次进行模型集成冲突检查,直到集成后的模型不再有冲突。现在冲突检查工具只能发现冲突而不能解决冲突,从技术上讲,现在还不能在集成的环境下解决冲突,然后再将无冲突的系统反馈给各个分系统,只能是发现冲突后,由工作人员在各自的系统里进行修改,修改后再进行集成检查。有研究表明:项目参与方地理上的集成将更有助于高效地解决系统发现的冲突。

4.5.4.2 BIM 对施工模拟、分析和管理过程的影响

现代项目建设涉及多组织的分工与协作,随着建筑设施的功能日趋完善,建设生产过程也变得日趋复杂,如何在项目建设过程中合理制定施工计划,精确掌握施工进度,优化使用施工资源以及科学地进行场地布置,从而对整个工程项目各参建方的施工进度、资源和质量进行统一管理和控制,是工程管理者所面临的现实而棘手的问题①。目前,大部分项目的施工计划与管理工具仍然是二维图表,如甘特图或网络图,虽然这种方式能够表示进度计划,但由于其缺少资源信息以及三维建筑构件的空间信息而无法有效地进行施工过程中一些临时的、空间方面分析工作,使该方式在判断和评价建设计划的合理性以及综合资源的决策管理方面存在很大的局限性(Koo B, Martin Fisher, 2000),制约了项目组织对施工方案进行有效的评价和比选,此外,二维的进度计划过于抽象(Martin Fisher, Calvin Kam, 2002),对于项目的各参与方尤其是业主和用户这样的非专业人员来说很难准确地理解设计以及进度的变更对建设过程会产生的影响。

---

① 张建平,张洋,吴大鹏,建筑工程项目 4D 施工管理:《项目管理技术》,2006。

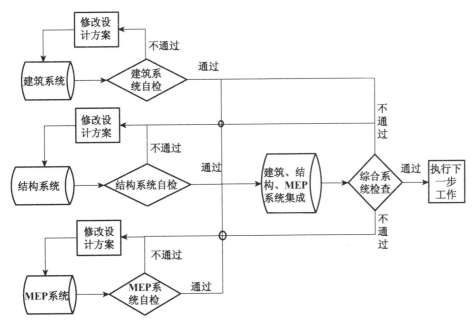

图 4-14　冲突检查的过程

　　BIM 对施工计划与施工管理过程的影响主要是通过 4D 信息模型实现的。4D 信息模型是在建筑产品 3D 信息模型的基础上集成时间维度,从而将施工过程按照时间进展进行可视化模拟。由于 4D 信息模型中不仅包含了反映建筑物实体形状等几何特征的设计信息,还包含如何建造建筑物实体的施工信息,因此除了可对施工过程进行模拟外,还可支持施工过程的分析及参与方之间的交流协作,其核心思想是通过信息技术手段集成设计与施工信息,从而实现建设过程的集成(Koo B,Martin Fisher,2000)。4D 信息模型的出现不但有利于大型复杂项目进度的安排,而且对缩短项目工期、降低施工成本、提高项目管理水平和提高劳动生产率也起到了一定的作用(Martin Fisher,Calvin Kam,2002)。4D 信息模型并非只能在基于 BIM 的环境下应用,在传统的 CAD 设计环境下也可以应用,但应用的成本要远大于基于 BIM 的应用环境,因为传统的 4D 模型首先需要人工根据 CAD 图纸建立建筑产品的 3D 模型,这一过程需耗费大量的时间和精力,这也是阻碍传统的 4D 信息模型推广的原因之一(Webb R. M.,Haupt T. C.,2004)。而 BIM 的应用可以有效解决这一问题,BIM 本身就是 3D 模型,因而设计师在完成设计的同时也就自然完成了 3D 模型,图 4-15 表示的是基于 BIM 与基于 CAD 进行 4D 信息建模的过程。从图中可以清楚地看到:基于 BIM 的 4D 信息模型建模过程更加简单,而且自动化程度要高于基于 CAD 的 4D 信息模型建模过程。也正是因为上述原因,在应用 BIM 的项目上 4D 信息模型也得到了广泛应用(Ju Gao,Martin Fischer,2007)。

　　4D 信息模型对施工过程的影响包括了:对施工过程进行模拟,对施工过程进行分析及对施工过程的管理,其具体影响如图 4-16 所示。

　　1) 施工过程的可视化模拟

　　施工过程是一个随时间变化的高度动态的过程,存在很大的不确定性,对建设过程不确定性进行分析和研究的最佳方法就是对过程进行模拟。施工过程的模拟需综合考虑相关的

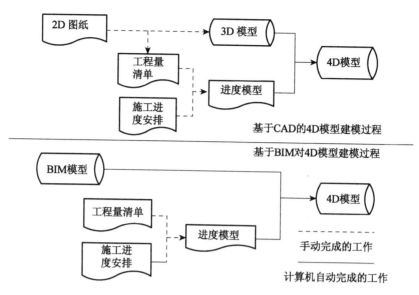

图 4-15　基于 CAD 与基于 BIM 的 4D 信息模型建模过程对比

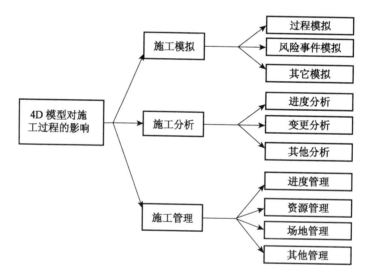

图 4-16　4D 模型对施工过程的影响

时间和空间要素,传统的 2D 信息表达方式难以对该动态过程及其内部复杂关系进行很好地描述,这种模拟只能靠工作人员在大脑中进行想象,每个人因专业背景及工作经验的差异会导致对工程实施过程理解的不一致。而 4D 信息模型的应用可通过将建筑物以及场地的 3D 模型与施工进度计划相链接,帮助工作人员了解施工进度计划中各工序与施工对象之间、各种资源需求之间的复杂关系,研究其动态变化规律,从而实现施工进度、人力、材料、设备、成本和场地布置的动态模拟和优化控制。4D 信息模型的可视化模拟可让项目参与人员"看到"工程变更或风险事件发生后对施工进展的影响,从而采取相应的措施,为决策提供支持。

2) 施工过程的分析

要使 4D 模型成为一种真正有用的工具,仅仅能够模拟施工过程来识别问题是不够的,它还必须能够帮助工作人员分析和解决问题。相比传统的横道图和CPM网络计划,4D信息模型可显著提高计划分析能力。4D信息模型可针对不同的施工计划进行分析和比较,择优录用;将4D信息模型应用于项目实施过程中的动态控制,可以通过实际施工进度和施工质量情况与4D可视化模型进行比较,直观地了解各项工作的执行情况。同时,也便于分析进度拖延或质量偏差的原因并采取相应的措施。在项目实施过程中,业主或设计原因造成的变更是很普遍的,4D信息模型是变更管理的有力工具,业主方或设计方有变更意向后,可以通过4D信息模型进行变更预测,了解该项变更方案对于工程后续施工的影响,从而为决策提供支持和依据。

3)施工过程的管理

4D信息模型的管理功能包括施工进度管理、施工资源管理、施工场地管理。首先,4D信息模型可以通过对施工过程的模拟帮助管理者更好地发现计划进度与实际进度之间的偏差,从而为进度计划的修改提供依据;其次,4D信息模型可以通过对资源模板进行定制来帮助施工单位建立适合自己情况的企业定额。用户可以添加新的材料类型、施工人员、施工机械以及各种资源供应商等信息,模型系统将各项施工资源与构件的三维模型相连接,可自动计算任意构件、构件组或流水段在不同施工时间段内的资源需求,通过对资源模板的更新,就可以同步更新所有相关构件的资源属性以达到对资源进行管理的目的。第三,4D模型可辅助工作人员进行施工场地布置,利用模型系统提供的一系列工具可进行各施工阶段的场地布置,包括施工红线、围墙、道路、现有建筑物和临时房屋、材料堆放、加工场地、施工设备等场地设施。施工过程中,点取任意设施实体,可查询其名称、标高、类型、型号以及计划设置时间等施工属性。还可以选择当前施工面或已完工楼层进行堆料区和施工设施布置,系统自动定义这些设施的4D属性,使场地布置与施工进度相对应,形成4D动态的现场管理(张建平,王洪钧,2003)。

4.5.5 BIM在运维阶段的应用影响分析

项目全寿命周期的整合,不仅是项目实施阶段的整合,更重要的是与后期运维管理结合,才能真正实现整合的价值。中国的建筑业与运营管理的整合程度,正在逐渐加深,并且这个速度也越来越快,随着运维管理与建设过程的整合,需要BIM等信息管理工具的支持和推动,同时运维管理的发展也是推动BIM应用的一个因素。这个过程的驱动力,是来自于建筑设施的使用者(特别是在持有型物业/非住宅地产)对运维管理重视程度越来越高,对于建筑绩效的要求越来越高(孙悦,2011)。

像BIM是作为设计师的观念变革一样,这次整合变革也正在中国的建筑业发生。相比于CAD只是设计作业的电子化改革,BIM则是观念的变革,两者的背后都有来自产业界需求方的巨大驱动力。

美国国家标准与技术协会(NIST)于2004年进行了一次研究,目的是预估美国重要设施行业(如商业建筑、公共设施建筑和工业设施)中的效率损失。该研究报告显示,每年,因计算机辅助设计、工程设计和软件系统中的互操作性不够充分而造成的损失高达上百亿美元;业主和运营商在持续设施运营和维护方面耗费的成本几乎占总成本的三分之二。下面的描述反映了设施管理人员的日常工作:使用修正笔手动更新住房报告;通过计算天花板瓦片的数量,计算收费空间的面积;通过查找大量建筑文档,找到关于热水器的维护手册;搜索竣工平面图,但是毫无结果,最后才发现他们从一开始就没有收到该平面图。

以上现象与今天的信息技术发展格格不入,而这些是因为未及时将运维管理与信息技术结合导致缺乏互操作性。通过 BIM 相关平台技术,在建筑生命周期中时间较长、成本较高的维护和运营阶段使用 BIM 设计程序中的高质量建筑信息,业主和运营商便可降低由于缺乏互操作性而导致的成本损失。

随着 BIM 在设计领域中的普及,业主或运营商将越来越习惯并日益期待在设施管理中使用此类建筑信息。因为在建筑设计中使用 BIM 所获得的优势已被广泛得到认可,并且许多建筑师也正在积极将基于工程图的流程转变成基于模型的流程。使用建筑模型中的信息进行设施管理,也可以获得相同的优势——可以促进建筑生命周期管理过程中的沟通,增强面向基于模型流程的设施管理(图 4-17)。

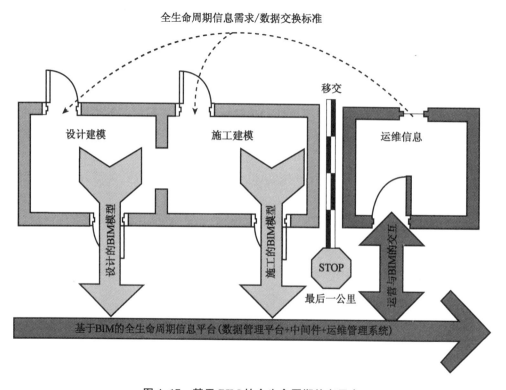

图 4-17 基于 BIM 的全生命周期信息平台

从整个知识框架的层面审视传统的建筑业,全生命周期建筑信息的获取比较难,但当我们转换知识框架之后,BIM 应用于全寿命周期信息的获取就不再是一个难题了,因为将基于 BIM 的数据交换平台看成是包络在 AEC 外面的知识框架(China BIM website)。

例如,世博会 B 片区在世博原址上建立总部商务区不但能发挥其总部经济集聚效益,同时传承世博绿色低碳理念。以绿色三星级建筑为目标,选择适用可行的绿色建筑技术措施,充分考虑建筑单体及区域整体的规划设计,践行绿色之路。

4.5.6 BIM 在绿色建筑建设过程的应用影响分析

绿色建筑设计是一个跨学科、跨阶段的综合性设计过程,而 BIM 模型则正好顺应此需求,实现单一数据平台上各个工种的协调设计和数据集中。同时结合 BIM 建模软件加入 5D 信息,使跨阶段的管理和设计完全参与到信息模型中来。

应用 BIM 技术辅助建立项目阶段性绿色建筑分析应用流程,通过一次建立 BIM 模型,可多次使用,进行风模拟、日照模拟、采光模拟、能耗模拟、气候分析……

因此,BIM 的实施,能将建筑各项物理信息分析从设计后期显著提前,有助于业主和建筑师在方案、甚至概念设计阶段进行绿色建筑相关的决策。因此,运用 BIM 技术贯穿绿色建筑的实施,将技术信息化与管理信息化融会贯通,以实现更有效的项目全寿命期管理和企业资源计划,这些已是我国建设领域未来发展的必然趋势。

4.6　BIM 在大型复杂建筑群体项目管理中的应用分析

4.6.1　大型复杂建筑群体项目管理的难点分析

(1)复杂性。项目构成比较复杂,大型工程项目规模巨大,包含众多子系统且子系统又可能包含更细的子系统,各层子系统之间以及系统各层次之间相互影响、相互作用,存在大量界面问题。如北京奥运会鸟巢、水立方的建设,上海世界博览会的建设,单体达到上百个之多。而且大型工程项目组织管理复杂,项目构成复杂就必须有庞大复杂的管理组织与之对应,同时涉及的利益相关方也多,因此,其施工、管理受到众多参与方、利益相关方的作用和制约,给项目组织的管理工作带来困难。

(2)周期长但是进度要求却比较高。大型工程项目往往建设周期相对较长,一是因为其对国民生活、经济的影响力大,前期调研、勘察、设计工作需要更加详细周全,耗费的时间较长;二是因为大型工程项目工程量大、施工工艺复杂,技术要求高,施工工期长。但是对肩负重要使命的大型复杂群体项目,不得不高节奏、高速度、高效率满足现实要求,进度目标成为压倒一切的首要目标。

(3)风险大。大型工程项目具有复杂性和周期长的特点,使项目实施过程中面临的不确定性因素的数量和种类增多。这些不确定性因素与动态变化的外界环境之间存在错综复杂的关系,并相互作用、影响,增大了项目建设的风险。而且一旦发生事故,其对社会的影响非常严重。

(4)社会属性。大型复杂群体项目管理是跨组织、开放式的管理,因此项目管理的社会属性比较强。如项目建设过程中市区的扰民问题;扬尘、噪音、垃圾等污染问题;施工过程中工人利益维护问题等。这些都对项目管理突出了新的挑战。此外,大型工程项目的工作内容需要建立起标准化的方法和程序,并且在实施过程中对其进行跟踪和评价,以保证项目实施无误。在大型项目群管理中,传统的项目管理方法和技术出现了很多的局限性,因此项目管理出现了比较多的问题和弊端:

工期紧迫,而且毫无商量余地。对于承担重要使命的大型项目群,进度目标是压倒一切的首要任务,但是在控制过程中,影响因素很多,协调工作量大,这些都给进度控制带来了很大的难度。

大型复杂项目群体对项目的进度、质量要求比较高,由于其特殊性,一般要求指挥部统一指挥、统一管理,但是项目规模、组成都非常复杂,造成管理跟不上,管理过程中效率相对较低。

项目的组织结构比较庞大复杂,项目参与单位、项目参与者数额都庞大,这使得任务分工、工作界面和工作流程比较复杂,部门之间的配合也不够默契,难以达到高效、高节奏、高速度的要求。

项目都具有一次性、临时性的特征。由于前期需求不是很明确,使得前期设计中遗留问题比较多,施工过程中,设计的变更给现场的协调和管理带来挑战。

4.6.2 BIM 在项目管理九大范围中的应用分析

建设工程项目管理的内涵:自项目开始至项目完成,通过项目策划和项目控制,使项目的费用目标、进度目标和质量目标得以实现(参考英国皇家特许建造师关于建设工程项目管理的定义,此定义也是大部分国家建造师学会或协会一致认可的)。(李琼,胡慧,2006)

项目管理所涉及的管理范围可分为九部分:

(1)项目范围管理:保证项目成功地完成所要求的全部工作,而且只完成所要求的工作。

(2)项目进度管理:保证项目按时完成。

(3)项目成本管理:保证项目在批准的预算内完成。

(4)项目质量管理:保证项目的完成能够使需求得到满足。

(5)项目人力资源管理:尽可能有效地使用项目中涉及的人力资源。

(6)项目沟通管理:保证适当、及时地产生、收集、发布、存储和最终处理项目信息。

(7)项目风险管理:对项目的风险进行识别、分析和响应的系统化方法进行管理。

(8)项目采购管理:为达到项目范围的要求,从外部企业获得货物和服务的过程。

(9)项目集成管理:保证项目中不同的因素能适当协调。

BIM 并非只是软件的应用,而是一种管理过程,其基本思想和内涵与传统项目管理有许多共同特点:其一,BIM 的应用目标和传统项目管理的目标保持一致,即提高效率、降低成本、提升质量(表4-3)。其二,BIM 的应用价值和传统项目管理的九大管理范围相吻合(图4-18)。

表4-3   **BIM 应用价值与项目管理目标的关系**

项目管理的目标	BIM 的应用目标
进度目标	通过可视化、进度模拟、提升设计质量减少变更等手段辅助项目进度目标的实现
成本目标	通过辅助工程量统计、减少业主变更成本等应用价值辅助项目实现成本目标
质量目标	通过设计侦错和碰撞检测、管线综合、方案比选、辅助监理进行质量监督等价值应用点辅助项目提升质量

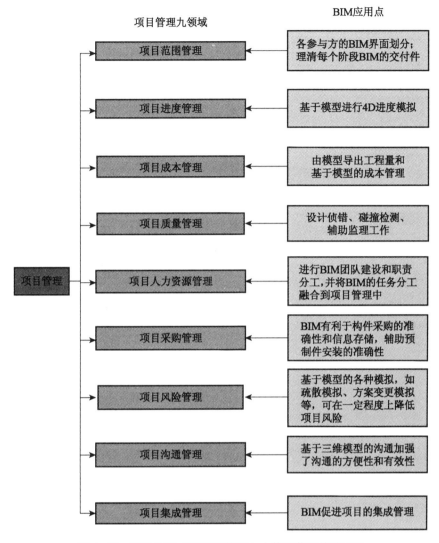

图 4-18　BIM 应用点与项目管理九大管理范围的关系图

4.6.3　基于 BIM 的项目管理软件介绍

目前,基于 BIM 的项目管理软件,主要分为两类:一是以 BIM 为重的平台/软件;二是以管理为重的平台/软件(以下软件介绍信息取自各公司官网)。

4.6.3.1　BIM 为重的平台/软件

以 BIM 为重的协同平台/软件,为了重点突出 BIM 的使用价值,以项目实际使用需求为导向,以 BIM 相关软件能实现的功能为核心,通过在 BIM 相关软件上添加其他功能模块,形成 BIM 协同平台/软件。

1)特点

(1)为需求而开发,容易被接受与使用。

(2)功能简单,重点突出,每个模块都含有与 BIM 互动的功能。

(3)缺乏管理体系理念。

2）相关软件

（1）云服务平台。

BIM 云服务平台实现对建筑工程全生命周期的监管，及时、透明、全面地让设计方、施工方、业主掌握项目情况；平台应用无时间、地域和专业限制。便捷的应用方式，轻松打通 BIM 应用各环节（图 4-19）。

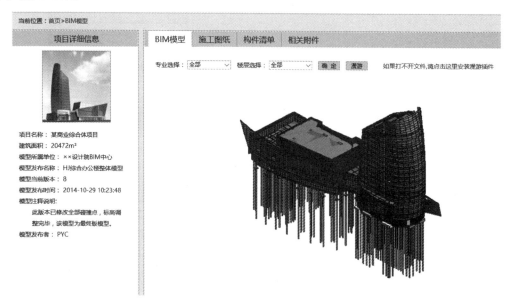

图 4-19　BIM 云服务平台

平台实现了基于网页的模型查看，图纸查看，构件清单，其他文档查询查看等功能。

（2）BIMGO。

BIMGO 是一个专门为建筑和工程领域所设计的云端信息协作平台。其主要功能是文档的上传、保存（图 4-20）。

图 4-20　BIMGO

文档管理模块：一个项目累积起来的信息量（E-mail、传真、文件）通常在数百万份之间，这些庞大且重要的数据分别在"不同地方"与"不同单位"里流转，造成跟踪、统计和查询的不便，BIMGO帮您整理归类众多的文件。关键词文件搜寻功能，帮助快速找到想要的档案。

组织专案管理模块：业主、设计、施工、监造、运营，各参与方可以在BIMGO系统中达成云协同，提升建筑工程业控管与工作绩效。

通讯联络模块：可靠即时的通讯功能，确保送出的文档或邮件对方立即收到，再也不会因为附档太大而无法传输邮件。

时程管理模块：在看板上张贴每一个工作与咨询，进行任务流程进度与时间的管理。

（3）Q系列工程协同应用系统。

Q系列工程协同应用系统是以工程建设生产型数据（建筑信息模型BIM）管理和扩展使用为主要目的而推出的互联网数据服务产品。Q1产品包含"设计协调、工程报表、文档管理"三大功能模块（图4-21）。

图4-21　产品演示界面

Q1产品使用界面主要切分为两大栏：第一大栏为BIM查看，相关信息的联动显示；第二大栏为软件功能区。

设计协调模块：用户可以将三维场景内看到的内容进行截图和标注并插入到讨论主题内。截图的同时也会将用户视点进行保存，方便其他用户在虚拟场景中快速准确地定位到所讨论的具体位置。设计协调与当前流行的微博等社交工具类似。

工程报表模块：对当前工程数据库内构件的信息以表格的方式进行呈现。用户也可以将某一时刻的构件清单保存为快照，以供日后查询和使用。

文档管理模块：对当前工程相关的文档资料进行网络共享，也可以称作云盘。与BIM中的三维构件进行关联，比如相关设备的采购合同、说明书、验收单、维修记录都可以与三维构件进行绑定，以便日后进行查找和定位。

其他模块:包括进度计划模块,施工现场模块等其他功能模块,根据需要进行功能模块添加。

(4) BIM5D。

BIM5D 是以 BIM 为核心,集成全专业模型,并以集成模型为载体,模型中心为载体,信息中心为业务支撑,应用中心为核心价值,关联施工过程中的进度、合同、成本、质量、安全、图纸、物料等信息,为项目提供数据支撑,实现有效决策和精细管理,从而达到减少施工变更,缩短工期、控制成本、提升质量的目的(图 4-22)。

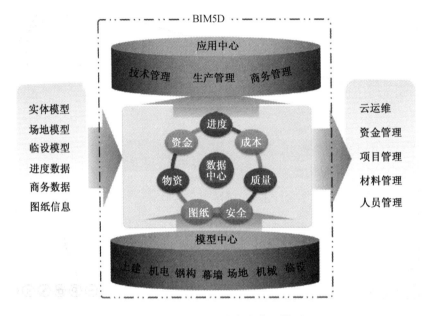

图 4-22 BIM5D 集成全专业模型

BIM5D 以项目管理为主,功能详见前章:施工方基于 BIM 协同平台/软件的基本类型。

4.6.3.2 管理为重的平台

以管理为重的协同平台,依据美国项目管理学会(PMI)编写的《项目管理知识体系指南》(PMBOK®指南)中的五个过程和十大知识领域为基础(PMBOK 第 4 版为九大知识领域,第 5 版为十大知识领域,多了一个关系人管理),通过加入 BIM 形成 BIM 协同平台/软件。

1) 特点

(1) 先进、完整的管理体系;

(2) 功能全面,各模块间具有联动性;

(3) 与国内项目管理的方式有差异,功能需要"本土化"。

2) 相关软件

建筑数据集成系统——协同平台是毕埃慕(上海)建筑数据技术股份有限公司(股票代码:835957)推出的一款协同平台。平台以《项目管理知识体系指南》(PMBOK ©指南)中的五个过程和十大知识领域为基础,进行软件开发。

门户主页模块:登录系统后,便于用户查看与自己有关的各类项目的最新情况与通知。包括待办事宜,工作日历(工作安排、会议安排、项目计划等),会议新闻,通讯录,个人情况,部门情况,公司情况等信息。

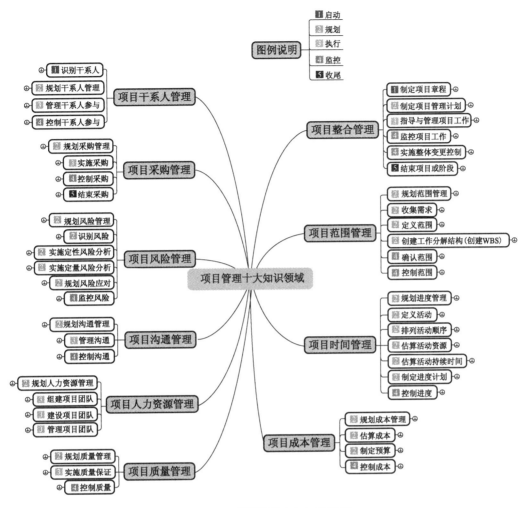

图 4-23　项目管理十大知识领域

整体管理(项目管理)模块:建设工程资料记载了建设工程活动全过程的重要内容,它是企业档案的重要组成部分,也是工程建设过程的指导文件,又是对工程进行检查、验收、移交、使用、管理、维修、改建和扩建的原始依据。建设资料管理工作直接反映了一个建设施工企业的管理水平。通过 BIM、合同、项目文档及报告,记录与储存建筑在全生命周期中的各类信息,让业主了解项目整体情况。

范围管理模块:包括项目 wbs 分解,项目计划、项目进度等模块,通过对项目的工作分解,从时间、成本、物资设备、费用、质量、交付成果、工程量等多个角度制订项目计划;项目工程进度报告、项目形象进度报告和交付成果进度报告及时反映项目进展情况;项目档案保存项目重要文档,实现责任分配,形成责任矩阵。划清各参与方的 BIM 界面,理清每个阶段 BIM 的交付物。

时间管理模块:即项目进度管理,实质是各类资源的合理配置。包括资源管理、资源计划、报表与分析等模块,在定义了资源类型和具体资源后,通过对资源购置、资源减少、资源领用、资源退回和资源调度的管理,形成资源总账、项目资源账、任务资源账、资源增加减少

图 4-24　门户主页

图 4-25　项目管理界面

明细账、资源领出退回明细账,全面反映项目中资源的使用和流动情况,为项目资源的合理分配和购置提供决策依据。基于 BIM 进行 4D 进度模拟,使虚拟与现实结合。

成本管理模块:包括估算成本、目标成本、目标成本分析等模块,以项目资金收支为核心,全面实时地反映项目资金的流动、使用的计划和实际情况,动态分析项目成本,自动生成现金流量表、成本报表,为项目资金的控制与平衡提供决策依据,同时还可通过财务接口与其他财务系统实现完美对接。通过对估算、预算、合同信息、合同执行的管理,分析、比较动态成本与目标成本,找出差异,最终达到成本控制的目的。

灵活定义多层次的核算项目,支持项目、组团、单体逐层分解;成本结构树和经济技术指标灵活定义,并可以按照写字楼、公寓等不同的项目保存模板及历史数据,新建项目时支持导入经验数据。

关联项目核算体系,自动生成成本估算表,用户自定义成本估算依据,投资估算支持类比估算法、参数估算法等常用的估算方法。随着项目的推进,由成本估算细化为成本目标,当成本计划和实际与目标成本发生较大差异时,分析产生差异的原因,修订目标成本,对成本目标修订过程的跟踪分析。

实现全过程的成本控制。在房地产项目初始阶段进行成本估算;在项目规划阶段,在成本估算的基础上进行细化制订目标成本;根据合同执行情况产生成本计划和实际成本情况,成本控制就是对上述过程进行规划和监控。

多角度成本分析。成本分析报表对比成本估算、成本目标、成本计划、成本实际发生等各个阶段数据,预测待发生成本,随时了解工程总造价及单方成本,为经营决策提供科学依据。

通过BIM,实现对工程成本的测算,并进行管控。

质量管理模块:质量资质、物资质量、质量规划、质量报告和项目质量查询模块构成,通过建立项目质量标准体系、进行项目质量管理规划和对项目/任务/交付成果的质量检验,该子系统实现了对项目的全面质量管理,切实保证项目的质量。通过BIM,实现对设计的侦错、碰撞检测、辅助监理工作等。

人员管理模块:面对公司内部人员的项目通讯录,通过分组、分职位等对项目相关人员进行分权管理。通过对BIM团队建设和职责分工,将BIM的任务分解融合到项目管理中。

沟通管理模块:包括即时消息,邮件消息,消息流程制定,项目通知,项目公告等。通过BIM,实现多方共同在一个BIM上讨论问题,直观、高效。

风险管理模块:任何项目都存在风险,尤其是投资大、周期长的项目。要有效地防范风险,首先必须识别风险。系统提供的风险分析功能通过定量的方式,运用概率统计的方法科学地分析和预测项目中存在的风险,是决策者防范和减少风险的有力手段。通过BIM模型,实现方案变更模拟,时间、进度匹配计算等,对项目风险进行控制。

采购管理模块:主要是解决工程项目中物资设备的供应管理问题,包括供应商管理、采购计划、采购业务等模块,通过对项目物资需求的分析自动生成物资需求计划、物资采购计划、项目物质需求计划、任务物资需求计划、物资需求项目分布和物资需求任务分布,全面反映项目的物资采购需求,以此为基础合理安排物资采购;同时也提供了对物资供应商和具体采购业务的管理功能。通过BIM中的信息,提高采购的及时性、准确性。

干系人管理模块:面对公司外部人员的项目通讯录,通过分组,分职位等对项目相关人员进行分权管理。通过对BIM团队建设和职责分工,将BIM的任务分解融合到项目管理中。

以上为项目管理中的十大知识领域管理。另针对国内情况、业主情况,具有以下模块:

合同管理模块:合同是约束项目参与各方的重要法律文件,大型项目的合同数量众多、种类繁杂,采用传统的管理方法,不仅费时费力,而且无法满足现代工程项目对合同的动态、实时管理的需要。项目合同子系统通过拟订合同、合同模版、合同信息、合同拨款、合同拆分、合同变更、合同索赔、合同转让管理、全面管理各类业务,十几种合同报表从不同的角度和层次,动态反映合同执行情况。

绿建模块:通过已建立的三维模型,进行各种建筑功能分析,以减少重复建模的工作,保证数据的准确性。直接输出用于中国三星、Leed 和 Breaam 认证所需的报表等。

第 5 章　基于 BIM 的大型复杂建筑群体的项目管理的实证研究

5.1　基于 BIM 的三大目标管理模式分析

造价、进度、质量被称为工程项目建设的三大目标,是工程项目在各阶段的主要工作内容,也是工程建设各方主体工作的中心任务。无论是项目业主,还是承包商及监理单位都是围绕着三大目标而开展工作的。衡量他们的工作得失成败,也主要是以三大控制目标是否实现为依据。进度管理与成本管理、质量管理三者是对立统一的关系,一般说来,进度快就要增加投资,但工期提前也会提高投资效益;进度快也可能影响质量,而质量控制严格就可能影响进度;但如果因质量控制严格而避免了返工,又会加快进度。包括进度管理、成本管理与质量管理等在内的工程管理是一个系统工程,处理好三者之间的关系就是既要进度快,又要投资省、质量好。

在以往的工程项目建设实践中,前辈们已经积累了大量的有关工程项目三大目标管理的理论和方法,利用这些理论和方法指导大量的工程项目的建设,并且在工程实践中证明了这些方法有一定的有效性和可行性,同时这些理论和方法也得到了优化和改进。

5.1.1　基于 BIM 的质量管理分析

工程质量问题一直是工程建设过程中非常关注的问题,同时工程质量也影响着使用者的安全。虽然科技在日新月异地发展,建筑材料也在不断更新,但是工程质量问题还是不断出现。BIM 技术作为新的技术,同时也作为新的管理手段,在工程质量管理中的应用可达到提高工程质量,提升管理效率的目的。

基于 BIM 进行质量管理,就是依靠信息流转的增强,提升了质量管理的效率。依托 BIM 传递工程质量信息则能成为各个环节之间优秀的纽带,不仅保证了质量信息的完整性,而且能让信息传递的更准确,更及时。

BIM 在项目建设的应用过程就是促进建筑项目精细化建造的过程,在此过程中提升各个阶段的项目质量,因此基于 BIM 的工程质量管理,对于大型复杂建筑群体项目的质量管理大有裨益。BIM 从设计阶段的图纸纠错到管线碰撞,再到辅助施工安装过程,以及辅助运维管理过程都是对整个项目的质量管理过程。

5.1.1.1　传统技术进行质量管理的弊端

(1)质量管理方法在实施过程中人为影响较大。建筑业所积累的丰富管理经验,逐渐形成了一系列的管理方法,然而工程实践表明,大部分管理方法在工程实际操作中因人而异,因此这些方法的理论作用只能得到部分发挥,甚至得不到发挥,造成工程项目的质量目标较难实现。

（2）施工方过多关注效益，忽视质量。建筑工程施工所用原料及设备较多，但目前建筑原料、设备市场较混杂，产品质量参差不齐，各个供应企业为了追求最大经济利益，往往不管建筑工程施工质量而提供以次充好或质量根本不符合质量标准的产品，而且施工行业的人员素质和社会责任心需加强。施工方追求效益最大化，这对于一个企业来讲，无可厚非，但是施工企业过分追求额外效益而忽视质量，甚至对人身财产安全造成严重后果，这工程质量造成严重影响。

（3）对建设施工环境忽视。在建设过程中，有些项目管理者只将注意力集中在工程项目的实体本身上，往往忽视环境因素对工程项目质量的影响。同时由于建设环境因素较为复杂，不确定性较大，管理者很难进行提前准备和预估，往往因环境因素造成对项目质量管理的恶劣影响。

5.1.1.2 BIM 技术在工程质量管理中的应用

1）设计阶段的质量管理

在设计阶段应用 BIM 进行数据统一管理；设计进度、人员分工及权限；三维设计流程控制；项目建模，碰撞检测，分析碰撞检测报告；专业探讨反馈，优化设计，室内净高控制、辅助管综设计、关键点管线碰撞分析。

例如，在工程建设行业，设计图纸的错、漏、碰、缺问题一直是困扰建设管理方的一个问题。这是个老病，久治不愈。但随着 BIM 技术的深入应用，这个问题可以得到有效的解决。BIM 应用的流程中内在的包含着解决设计图纸的错误、漏标漏注，缺图少图问题的机制。这个机制可以称之为 BIM 的审图机制，这样便大大提升了设计阶段图纸的质量。

2）施工阶段质量管理

BIM 对施工阶段的质量管理有很多好处。通过 BIM 的平台动态模拟施工技术流程，由各方专业工程师合作建立标准化工艺流程，保证专项施工技术在实施过程中细节上的可靠性。再由施工人员按照仿真施工流程施工，确保施工技术信息的传递不会出现偏差，避免实际做法和计划做法不一样的情况出现，减少不可预见情况的发生。例如在设备安装时，可进行安装空间分析，确认生产设备的型号及厂商信息之后，依据设备相关数据模拟设备在工作空间中的安装轨迹，排查安装过程中的各种相互干扰问题。这样可减少施工过程的风险，提升施工质量。

除了指导施工过程，还可进行施工品质监控，自确认所有施工作业优化方案后，依据模型对现场进行施工核对，此外，对于关键区域将采用三维扫描技术对现场施工质量进行比对。

此外，BIM 在施工阶段的应用点较多，而就现阶段来看，在施工过程中的实际应用主要限于 BIM 深化模型，工程量统计，辅助设计变更，施工工序模拟等。这些都能在一定程度上提升工程施工建设过程中的质量，充分把控施工各个环节的质量管理。

5.1.2 基于 BIM 的造价管理分析

5.1.2.1 造价管理技术的普遍弊端

（1）工程量手工计算局限大。目前工程造价行业的工程量计算主要采用手工，并以软件辅助的形式，效率较低，并且很难保证计算结果的准确性，尤其是对进度要求较高的项目，且异型复杂的项目,采用传统的手工计算难以满足工程量计算的需求。

（2）材料和设备费用控制较难把控。在项目实际操作过程中,材料和设备管理的方法较为落后,材料和设备的采购、储存量和租赁等的计算不科学,采购和租赁时机很难把握,而且市场上材料和设备的价格不够稳定,严重影响项目的造价控制。

5.1.2.2　BIM 技术在造价管理过程中的应用

造价管理的目的就是为项目投资实现增值。工程项目造价管理分为两个阶段,即项目计划阶段和合同管理阶段。对于每个阶段,应用 BIM 技术后都能提高造价管理的效率和水平。

1）BIM 数据库的时效性

BIM 的技术核心是由计算机三维模型所形成的数据库,这些数据库信息在建筑全寿命过程中是动态变化的,随着工程施工及市场变化,相关责任人员会调整 BIM 数据,所有参与者均可共享更新后的数据。数据信息包括任意构件的工程量,任意构成要素的市场价格信息,某部分工作的设计变更,变更引起的数据变化,等等。在项目全寿命过程中,可将项目从投资策划、项目设计、工程开工到竣工的全部相关造价数据资料存储在基于 BIM 系统的后台服务器中。无论是在施工过程中还是工程竣工后,所有的相关数据都可以根据需要进行参数设定,从而得到某一方所需要的相应的工程基础数据。BIM 这种富有时效性的共享的数据平台,改善了沟通方式,使拟建项目工程管理人员及后期项目造价人员及时、准确地筛选和调用工程基础数据成为可能。也正是这种时效性,大大提高了造价人员所依赖的造价基础数据的准确性,从而提高了工程造价的管理水平,避免了传统造价模式与市场脱节、二次调价等问题。

2）BIM 形象的资源计划功能

利用 BIM 模型提供的数据库,有利于项目管理者合理安排资金计划、进度计划等资源计划。具体地说,使用 BIM 软件快速建立项目的三维模型,利用 BIM 数据库,赋予模型内各构件时间信息,通过自动化算量功能,计算出实体工程量后,我们就可以对数据模型按照任意时间段、任一分部分项工程细分其工作量,也可以细分某一分部工程所需的时间;进而结合 BIM 数据库中的人工、材料、机械等价格信息,分析任意部位、任何时间段的造价,由此快速地制定项目的进度计划、资金计划等资源计划,合理调配资源,及时准确掌控工程成本,高效地进行成本分析及进度分析。因此,从项目整体上看,提高了项目的管理水平。

3）造价数据的积累与共享

在现阶段,造价机构与施工单位完成项目的估价及竣工结算后,相关数据基本以纸质载体或 Excel、Word、PDF 等载体保存,要么存放在档案柜中,要么放在硬盘里,它们孤立存在,使用不便。有了 BIM 技术,便可以让工程数据形成带有 BIM 参数的电子资料,便捷地进行存储,同时可以准确地调用、分析,利于数据共享和借鉴经验。BIM 数据库的建立是基于对项目历史数据及市场信息的积累,有助于施工企业高效利用工作人员根据相关标准、经验及规划资料建立的拟建项目信息模型,快速生成业主方需要的各种进度报表、结算单、资金计划,避免施工单位每月都花大量时间核实这些数据。建立企业自己的 BIM 数据库、造价指标库,还可以为同类工程提供对比指标,在编制新项目的投标文件时便捷、准确地进行报价,避免企业造价专业人员流动带来的重复劳动和人工费用增加;在项目建设过程中,施工单位也可以利用 BIM 技术按某时间、某工序、特定区域输出相关工程造价,做到精细化管理。正是 BIM 这种统一的项目信息存储平台,实现了经验、信息的积累、共享及管理的高效率(图 5-1)。

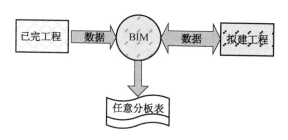

图 5-1 BIM 数据的积累与应用

4)项目的 BIM 模拟决策

BIM 数据模型的建立,结合可视化技术、模拟建设等 BIM 软件功能,为项目的模拟决策提供了基础。在项目投资决策阶段,根据 BIM 模型数据,可以调用与拟建项目相似工程的造价数据,如该地区的人、材、机价格等,也可以输出已完类似工程每平方米的造价,高效准确地估算出规划项目的总投资额,为投资决策提供准确依据。

众所周知,设计决定了建筑安装工程成本的 70%,因此,设计阶段的造价控制至关重要。在完成项目的 CAD 图纸设计时,将设计图纸中的项目构成要素与 BIM 数据库积累的造价信息相关联,可以按照时间维度,按任一分部分项工程输出相关的造价信息,便于在设计阶段降低工程造价,实现限额设计的目标。

在确定总包方后的设计交底和图纸会审阶段,传统的图纸会审是基于二维平面图纸进行的,且各专业图纸分开设计,仅凭借人为检查很难发现问题。BIM 的引入,可以把各专业整合到一个统一的 BIM 平台上,设计方、承包方、监理方可以从不同的角度审核图纸,利用 BIM 的可视化模拟功能,进行 3D、4D 甚至 5D 模拟碰撞检查,可以及时发现不合实际之处,降低设计错误数量,极大地减少理解错误导致的返工费用,避免了工程实施中可能发生的纠纷。

在施工中,材料费用通常占预算费用的 70%,占直接费的 80%,比重大。因此,如何有效地控制材料消耗是施工成本控制的关键。目前,施工管理中的限额领料流程、手续等制度虽然健全,但是效果并不理想,原因是在配发材料时,由于时间有限及参考数据查询困难,审核人员无法判断报送的领料单上的每项工作消耗的数量是否合理,只能凭主观经验和少量数据大概估计。随着 BIM 技术的成熟,审核人员可以调用 BIM 中同类项目的大量详细的历史数据,利用 BIM 的多维模拟施工计算,快速、准确地拆分、汇总并输出任一细部工作的消耗量标准,真正实现了限额领料的初衷。

5)BIM 的不同维度多算对比

造价管理中的多算对比对于及时发现问题并纠偏,降低工程费用至关重要。多算对比通常从时间、工序、空间三个维度进行分析对比,只分析一个维度可能发现不了问题。比如某项目上个月完成 600 万元产值,实际成本 450 万元,总体效益良好,但很有可能某个子项工序预算为 90 万元,实际成本却发生了 100 万元。这就要求我们不仅能分析一个时间段的费用,还要能够将项目实际发生的成本拆分到每个工序中;又因项目经常按施工段、按区域施工或分包,这又要求我们能按空间区域统计、分析相关成本要素。从这三个维度进行统计及分析成本情况,需要拆分、汇总大量实物消耗量和造价数据,仅靠造价人员人工计算是难以完成的。要实现快速、精准地多维度多算对比,只有基于BIM处理中心,使用BIM相关软件才可以实现。另外,可以对BIM-3D模型各构件进行统一编码并赋予工序、时间、空间等信息,在数据库的支持下,以最少的时间实现4D、5D任意条件的统计、拆分和分析,保证了多维度成本分析的高效性和精准性(张树捷,2012)。

5.1.2.3 BIM技术对造价管理的影响

BIM技术在建设项目造价管理信息化方面有着传统技术不可比拟的优势,对于提升建设项目造价管理信息化水平、提高工程造价行业效率,乃至改进整个造价行业的管理流程,都具有十分重要的积极意义。

1) 提高算量工作的效率和准确性

工程量计算是编制工程预算的基础,相比与传统方法的手工计算,BIM的自动算量功能可以使工程量计算工作摆脱人为因素的影响,得到更加客观的数据。利用建立的三维模型进行实体减扣计算,对于规则或者不规则的构件都可以同样准确计算。同时,基于BIM的自动化算量方法将造价工程师从繁琐的劳动中解放出来,为造价工程师节省更多的时间和精力用于更有价值的工作中,如询价、评估风险等,并可以利用节约的时间编制更精确的预算。

通过三维模型的建立,完成管线冲突、景观、日照以及工程量等项目的检查和分析。在造价管理方面,BIM技术的应用对本项目所发挥的最大效益体现在工程量的统计和核查方面。BIM模型的建立可以生成具体的工程数据,通过对比二维设计下的工程量报表和基于BIM技术的工程量统计,发现了大量二维数据的偏差。分析原因主要由于:二维图纸面积计算往往会忽略立面面积;跨越多张二维图纸的项目可能被重复计算;线性长度在二维图纸中通常只计算投影长度,等等。这些偏差直接影响着本项目的造价的准确性。通过结合BIM的数据统计消除这些偏差后,项目总费用可降低达20.03%,同时保证了造价数据的准确性。

2) 合理安排资源,做好实施过程成本控制

计划是成功的一半,能够顺利按照计划实施就是成功的另一半。利用BIM模型提供的数据基础可以合理安排资金计划、人工计划、材料计划和机械台班的使用计划。在BIM模型所获得的工程量上赋予时间信息,我们就可以得到任意时间段的工程量,进而得到任意时间短的工程造价,根据这些信息来制定资金计划。同时,我们还可以根据任意时间段的工程量,分析出所需要的人工、材料、和机械台班的数量,合理安排工作。

3) 控制设计变更

设计变更在现实中频繁发生,传统的方法又无法很好地应对。首先,我们可以利用BIM技术的模型碰撞检查功能尽可能减少变更的发生。同时,当变更发生时,利用BIM模型可以把设计变更内容关联到模型中,只要把模型稍加调整,相关的工程量变化就会自动反映出来,不需要重复计算。甚至我们可以把设计变更引起的造价变化直接反馈给设计师,使他们清楚地了解设计方案的变化对工程造价产生了哪些影响。

例如,利用BIM模型轻松快捷地检查在三维空间环境下各专业的碰撞情况,发现检查出人防地下车库机电安装工程中进水管与风管发生碰撞、消防系统与风系统发生碰撞等几百处碰撞,利用变更条件进行BIM维护,提前反应施工设计问题,避免返工与浪费,提高了项目的造价管理水平和成本控制能力。

4）方便历史数据积累和共享

当工程项目结束后，所有数据要么堆积在仓库，要么不知去向，今后碰到类似项目，如要参考这些数据就很难做到。而且以往工程的造价指标、含量指标，对今后项目工程的估算和审核具有非常大的借鉴价值，造价咨询单位视这些数据为企业核心竞争力。利用 BIM 模型可以对相关指标进行详细、准确地分析和抽取，并且形成电子资料，方便保存和共享。

5.1.3 基于 BIM 的进度管理分析

在项目实践过程中，会制定各种计划，以横道图、网络图等为基础的进度计划伴随着项目实施的全过程，然而即使如此超出计划的事情还是会经常发生，进度的拖延将严重影响建设方的收益率。BIM 技术对工程建设的进度虽没有明显地直接影响，但对项目实施过程中的信息流通效率、管理效率等有直接的帮助，从而提高整个项目的效率，减少拖延。

5.1.3.1 进度管理中的普遍弊端

1）二维 CAD 设计的项目不直观

由于二维图纸的表达形式与人们现实中的习惯维度不同，所以要看懂二维图纸存在一定的困难，需要通过专业的学习和长时间的训练才能读懂图纸。同时，随着人们对建筑外观美观度的要求越来越高，以及建筑设计行业自身的发展，异形曲面的应用更加频繁。另外，二维 CAD 设计可视性不强的缺陷造成设计师无法有效检查自己的设计成果，很难保证设计质量，并且对设计师与建造师之间的沟通制造了障碍（王友群，2012）。

2）二维图纸影响各专业之间的沟通效率

二维图纸不像三维可视化一样直观，设计过程中建筑、结构和机电等各个专业相对独立，不管在设计阶段和施工阶段，很难对项目的整体进行直观表现。单独专业的设计较为顺利，但是整合集成各专业后，将产生诸多的碰撞，这样严重影响整个项目的推进。

3）只凭经验，难以实现标准化和精细化

随着科技的进步和管理技术的发展，各行各业都在寻求标准化和规范化的管理模式，而建设工程项目中的进度管理却还严重依赖有经验的管理者，根据个人的经验进行个性化的管理是一种较为落后的管理模式，个人主观因素对项目的影响较大，所以在项目管理中采用先进的管理技术和管理方法势在必行。

5.1.3.2 BIM 在工程进度管理中的应用

1）基于 BIM 进度管理的框架

传统的进度管理系统主要依靠人工操作来完成。用户向进度管理人员提供、索取进度数据，进度管理人员负责更新进度数据并发布进度信息，整个系统设计思维模糊，缺少界线清晰的子系统，不利于系统的自组织和自运行，进度信息的可获取性、及时性和准确性都不高。为了克服这些不足，本文将基于 BIM 的进度管理系统所依赖的 BIM 信息平台划分为三大界线清晰、逻辑性强的子系统，分别是信息采集系统、信息组织系统、信息处理系统。其中信息采集系统负责自动采集来自业主方、设计方、施工方、供应商以及其他项目参与方的有关项目的类型信息、材料信息、几何信息、功能构件信息、工程量信息、建造过程信息、运行维护信息、其他属性信息等项目全生命周期内的一切信息。信息组织系统在此基础上进一步构建，它按照特定规则、行业标准和实际应用需要对信息采集系统采集的信息进行编码、归类、存储、建模。信息处理系统则是利用信息组织系统内标准化和结构化的信息在项目全生命周期内为项目各参与方提供施工过程模拟、成本管理、场地管理、运营管理、资源管理等各方面支持。信息采集系统、信息组织系统、信息处理系统三者之间是一种层层递进、前者是后者的基础的关系(图5-2)。

2)基于BIM的进度管理流程

整体框架的构建为BIM进度管理系统提供了框架依据和结构支持,而要将其真正应用到施工现场进度计划的编排和日常工作中去则需要将其深化和展开为明确、详尽的流程。下文从总进度计划、二级进度计划、周进度计划、日常工作四个层面对BIM进度管理系统的流程进行了梳理,它基于末位计划员系统,从多方面进行了延伸。

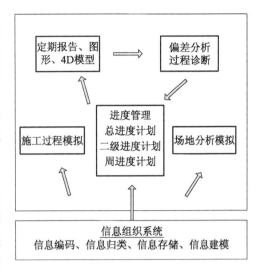

图5-2 基于BIM的进度管理的框架

总进度计划的建立是整个流程的开始。在这个阶段,总进度计划编制小组利用从BIM数据库中获取的相关资料进行研究,尽量从实质上把握各单位的实施情况,编制一系列高层级的活动和工作包,确定开始和完成时间,完成对主要设备和空间等资源的高层次分配。这些工作都可以由现有的进度计划工具完成。

接下来需要在总进度计划的基础上进行二级进度计划的制订。其编制过程可以按照以下顺序:

(1)用WBS的分解模式将高层次的活动分解为较小的、更容易控制的工作包;

(2)以活动间联系的形式定义逻辑和工序,计算工程量,计算劳动量和机械台班数,确定持续时间;

(3)利用编制项目进度计划的相关软件产生施工进度计划,分配设备和物料。总进度计划和二级进度计划应该由总承包单位和主要的分包商共同制订。这两步可以参照传统的进度计划编制方法,需要指出的是这些活动要使用BIM界面,通过这个BIM界面将BIM数据库中的建筑组件和活动联系起来。这一过程可以利用现存的一些商用软件来实现,它们都具有这个功能。

3)基于BIM的进度管理功能优势

基于BIM的进度管理系统不同于以往传统的进度管理系统,它主要具有以下几点功能优势:

(1)实现过程可视化。该系统将空间信息和时间信息整合在一起,既能展示施工队伍的位置和状态,也可以直观、精确地反映施工全过程。

(2)支持计划、协商、承诺、状态反馈。本书中的进度管理系统是动态的、持续计划的,不被网络计划方法的概念所束缚,具有支持参与人员协商关系,建立无冲突、协调的周计划和日计划的职能。

(3)促进多目标协同和优化。该系统可以产生完整的非图形数据的报告,任何施工进度计划的改变对工期、成本等目标的影响都可实时地、可靠地、高质地展现出来,从而使决策者和施工进度计划制订者在制订施工进度计划的时有更多的依据可循,促进项目的多目标协同和优化。

（4）推动持续改进实验制度化。实验制度化的实验可以将持续改进的工作方法应用到未来相同类型的工作和项目中去,给项目利益相关者带来好处。

5.1.3.3 BIM 对工程进度管理中的影响

传统方法虽然可以对前期阶段所制定的进度计划进行优化,但是由于其可视性弱,不易协同,以及横道图、网络计划图等工具自身存在着缺陷,所以项目管理者对进度计划的优化只能停留在部分程度上,即优化不充分。这就使得进度计划中可能存在某些没有被发现的问题,当这些问题在项目的施工阶段表现出来时,对建设项目产生的影响就会很严重。

基于 BIM 技术的进度管理通过虚拟施工对施工过程进行反复的模拟,让那些在施工阶段可能出现的问题在模拟的环境中提前发生,逐一修改,并提前制定应对措施,使进度计划和施工方案最优,再用来指导实际的项目施工,从而保证项目施工的顺利完成(牛博生,2012)。

1）BIM 包含了完整的建筑数据信息

BIM 模型与其他建筑模型不同,它不是一个单一的图形化模型,BIM 模型包含着完整的建筑信息,从构件材质到尺寸数量以及项目位置和周围环境等。因此,通过将建筑模型附加进度计划而成的虚拟建造可以间接地生成材料和资金的供应计划,并且与施工进度计划相关联,根据施工进度的变化进行同步自动更新,将这些计划在施工阶段开始之前与业主和供货商进行沟通,让其了解项目的相关计划,从而保证施工过程中资金和材料的充分供应,避免因为资金和材料的不到位对施工进度产生影响。

三维模型的各个构件附加时间参数就形成了 4D 模拟动画,计算机可以根据所附加的时间参数模拟实际的施工建造过程。通过虚拟建造,可以检查进度计划的时间参数是否合理,即各工作的持续时间是否合理,工作之间的逻辑关系是否准确等,从而对项目的进度计划进行检查和优化。

将修改后的三维建筑模型和优化过的四维虚拟建造动画展示给项目的施工人员,可以让他们直观地了解项目的具体情况和整个施工过程。这样可以帮助施工人员更深层次地理解设计意图和施工方案要求,减少因信息传达错误而给施工过程带来的不必要的问题,加快施工进度,提高项目建造质量,保证项目决策尽快执行。

2）BIM 技术基于立体模型,具有很强的可视性和操作性

BIM 的设计成果是高仿真的三维模型,设计师可以以第一人称或者第三人称的视角进入到建筑物内部,对建筑进行细部的检查;可以细化到对某个建筑构件的空间位置、三维尺寸和材质颜色等特征进行精细化地修改,从而提高设计产品的质量,减低因为设计错误对施工进度造成的影响;还可以将三维模型放置在虚拟的周围环境之中,环视整个建筑所在区域,评估环境可能对项目施工进度产生的影响,从而制定应对措施,优化施工方案。应用BIM 技术可以实时查看整个剖面及整个空间形态的具体情况,快速而直观。同时,BIM 技术可以展示建筑内部的空间,让业主能够清晰地看到内部空间的设计,能够充分理解设计的意图。据统计,本项目的设计阶段应用 BIM 技术至少能节省 50% 的时间,将作图时间减少了 70%,并减少了 30%~40% 的人力和其他投入。

3）BIM 技术更方便建设项目各专业之间协同作业

BIM 模型也是分专业进行设计的,各专业模型建立完成以后可以进行模型的空间整合,

将各专业的模型整合成为一个完整的建筑模型。计算机可以通过碰撞检查等方式检测出各专业模型在空间位置上存在的交叉和碰撞，从而指导设计师进行模型修改。避免因为模型的空间碰撞而影响建设项目各专业之间的协同作业，从而影响项目的进度管理（牛博生，2012）。

5.2　问卷调查的概述

1）调查的目的

本书第 3 章至第 5 章对大型复杂建筑群体项目全寿命周期内基于 BIM 项目管理的理论及关键问题进行了研究，所用的研究方法主要是规范分析和演绎推理，得出的结论是理论的、抽象的，因此，还需要进行实证研究才能更好地确定论文理论研究部分是否正确合理。

2）调查问卷的设计

（1）调查问卷的设计原则

问卷设计针对研究的主要问题展开，突出重点主题，而非面面俱到；问卷中所提问题应紧密联系文章理论部分研究和工程建设实际；问卷内容应明确、无歧义，使调查对象能够根据问题的不同选项做出明确辨析和判断。

（2）调查问卷的主要内容

本书设计的调查问卷分为两个部分：第一部分是基本背景信息，主要反映被调查者的基本情况；第二部分是主观问题调查问卷，主要包括大型项目群体 BIM 应用的必要性、BIM 应用的障碍因素和推动因素、BIM 在项目全过程中的应用生产现状调查、BIM 的应用效果调查等方面。

5.3　问卷调查的总结与分析

通过调查问卷了解不同行业组织对 BIM 在复杂大型项目群体应用情况的评价，从而得出比较客观的结论。本次调查问卷由 20 人左右填写，包含设计院、业主、承包商等各专业从不同角度评价 BIM 的应用情况，具体请参考附录 B。

经统计分析得出以下结论：

（1）目前，根据 BIM 应用于不同类型的项目比较，大型和复杂的项目中应用 BIM 受益较大。

（2）BIM 的应用处于初级阶段，推动 BIM 应用的主要是软件供应商，其次为设计院。

（3）当前 BIM 应用的主要阶段为施工图阶段，其次为扩初阶段和施工阶段，其他阶段应用较少，甚至没有应用案例。

（4）被调查者认为 BIM 应用的最主要的受益点在减少返工、提高沟通协调效率方面，其他收效甚微。

（5）被调查者认为目前 BIM 应用需改善的主要是软件的协同和组织、合同等非技术因素。

5.4 案例研究的概述

5.4.1 试点案例的背景介绍

上海世界博览会位于上海市中心黄浦江两岸、南浦大桥和卢浦大桥之间的滨江地区。目前,世博园区后续开发总体规划已初步形成,相关开发建设的基本框架将进一步明晰。世博园区将被打造成为功能多元、空间独特、环境宜人、交通便捷的世界级新地标,集博物博览、文化创意、总部商务、高端会展、旅游休闲和生态人居等多功能于一体。特别是在"四个中心"建设的总体功能框架中,世博会地区将根据自身优势补充上海国际化大都市相对功能的缺失,最大程度发挥世博效应,使之成为促进上海城市功能转型和中心城区功能深化提升的重要功能载体。会展及商务区 B 片区将科技发展成为环境宜人、交通便捷、低碳环保、具有活力的知名企业总部聚集区和国际一流的商务街区。

世博会地区会展及其商务区 B 片区东至周家渡路、博城路、世博馆路,南至国展路,西至长青北路,北至世博大道(图 5-3)。

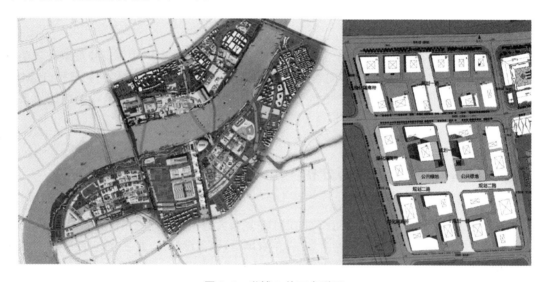

图 5-3 世博 B 片区鸟瞰图

通过世博会地区会展及其商务区 B 片地区地下空间进行统一规划、综合开发、合理利用,依法管理;使世博会地区会展及其商务区 B 片地区地下空间的开发利用与上海市的社会、经济、环境保持协调发展,促进上海市城市发展战略的实现。

世博会地区会展及其商务区 B 片区地下空间的开发管理必须贯彻"统一规划、统一设计、统一施工、统一管理",四统一的基本原则。

世博会 B 片区(企业总部集聚区)位于世博园区一轴四馆西侧,为规划会展及其商务区的一部分。用地面积约 18.72 hm²。B 片区内地面共有 28 栋建筑,分属 13 家央企,15 家投资主体参与,地上建筑面积约为 59.7 万 m²,其中 4 栋为 28 层高层,最高 120 m,其余为 6～

16 层。地下建筑面积约为 45 万 m²。

B 片区央企总部基地项目的特点总结如下：

（1）B 片区央企总部基地单体建筑物众多，地下空间贯通统一建设，由于地上建筑不是统一设计，这将对片区整体协调保证建筑间及专业间接口、处理复杂空间关系以及合理功能布局等带来巨大挑战。

（2）由于不是统一施工，在没有红线制约的有限施工场地，如何组织最合理的施工组织方案，实现多家施工单位的组织、协调和管理存在诸多挑战。比如协调各个单体的施工进度、场地布置等。

（3）地下公共空间项目由世博发展集团统一建设，但是由多家业主公共投资和分摊，如何建立合理的投资控制、科学地计算工程量以及及时制定成本分担方案也是本项目面临的大难题。

（4）13 家央企后期将统一运用和管理，打造世博央企数字化信息港，结合央企总部基地开发建设，通过科研开发形成自主知识产权。

5.4.2 案例项目 BIM 应用的规划

5.4.2.1 设计阶段 BIM 应用规划

1）设计阶段 BIM 工作总体目标

根据本工程地下空间连成整体、地上建筑分别独立的特点，BIM 设计阶段的工作需求不尽相同，设计阶段的 BIM 工作目标分为地下部分和地上部分两类。

地下部分 BIM 工作的总体目标是辅助设计工作提高设计质量；地块之间开展三维模型验证设计，实现更好的一体化设计；准确的模型提交给后续阶段使用。

（1）设计阶段 BIM 工作总体规定

设计阶段的 BIM 工作围绕工程的总体目标以及 BIM 辅助设计的工作特点，制定 BIM 工作的总体规划流程（图 5-4）。

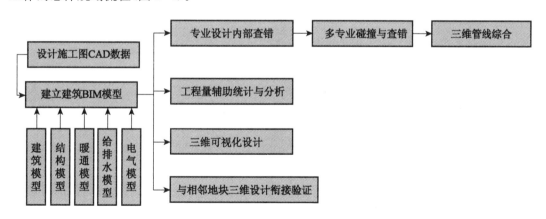

图 5-4 设计阶段 BIM 设计方的规划流程

（2）设计阶段 BIM 工作总体进度安排及重要节点说明

模型分区渐进 A1 版：根据已经开展施工图的设计项目开展建模工作，并根据配合施工过程中的设计变更以及投资分摊需求，完善模型。

　　模型分区渐进 A2 版:根据工程推进的实际情况,对某些优先实施区域开展 BIM 深化设计,与周边地块有条件的先行工程进行模型对接校验,设计进行查错、碰撞检测,有效确保实施地块的设计准确性,使得模型能够服务设计和施工。本阶段预计将随着工程的推进持续几个月。

　　模型 B2 版局部深化稿:根据工程推进的实际情况,对大部分实施区域进行 BIM 深化设计,与周边地块大部分工程进行模型对接校验,设计进行查错,有效确保工程实施地块的设计准确性,使得模型能够服务设计和施工。本阶段预计将随着周边大部分地块工程推进实施启动,持续开展工作。

　　模型完整版:随着所有地块设计完成,围护结构建模工作将全部结束,具备模型具备的工程量报表输出功能,同时全部模型提交下道工序。

　　(3) 设计阶段 BIM 工作重点流程规划

　　基坑围护结构工程 BIM 工作流程如图 5-5 所示。

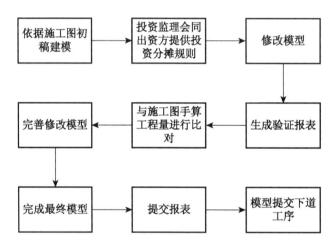

图 5-5　设计阶段 BIM 工作流程

　　① 设计阶段 BIM 专业与相关协调对象的关系。

　　BIM 与设计:服从设计、协助设计;

　　BIM 与其他地块 BIM:在设计的指导下相互对接验证查错;

　　BIM 与 BIM 总控:服从管理,按照相关的流程制度作业;

　　加强内部培训和指导,确保各个建模工程师对本项目和本工程有正确一致的理解。

　　② 设计阶段 BIM 实施质量保障措施。加强内部培训和指导,确保各个建模工程师对本项目和本工程有正确一致的理解。

　　BIM 模型的校核由设计人员担任,模型审核由 BIM 专业负责人担任;具体的方法有:BIM 模型导出平立剖面图纸与二维施工图进行比对、三维可视化设计直接检查、碰撞自动检查等。

　　每个模型和应用成果在提交前,BIM 项目负责人应参照审查验收的要求标准,对模型进行质量检查确认,确保其符合要求。

　　③ 设计阶段 BIM 应用点如表 5-1 所示。

表 5-1　　　　　　　　　　　　　　　设计阶段 BIM 应用点表

序号	应用点	应用具体内容
1	施工图设计建模	结合施工图设计进行全专业(建筑、结构、机电)三维建模
2	施工图设计模型碰撞检查	将施工图设计全专业(建筑、结构、机电)模型放到统一平台,在三维空间中发现平面设计的错漏碰缺,完成管线综合工作碰撞分析,并处理完成
3	管线综合	在模型碰撞检查的基础上,优化管线布置,获得最大的净空高度
4	设计模型 3D 漫游和可视化设计	对已有的设计模型进行漫游设置并导出动画;可视化设计分析有关的设计细节
5	工程数量统计	利用软件明细表功能及扣减规则,添加设备参数,完成工程数量统计,并提供给造价专业参考;基坑围护工程为投资分摊提供工程量参考依据,根据相邻地块地下连续墙的
6	相邻地块模型对接检查	将相邻地块的模型与地下公共区模型进行对接查错和可视化设计,实现实施前的虚拟对接检查

5.4.2.2　施工阶段 BIM 应用规划

1) 施工阶段 BIM 实施的目标(表 5-2)

表 5-2　　　　　　　　　　　　　　　施工阶段 BIM 实施目标

序号	BIM 目标	对应的 BIM 应用
1	提高深化设计效率	各专业 3D 模型协调
2	提高施工现场人员、物料、机械周转运输的效率	施工现场平面规划管理
3	施工进度计划的编制和跟踪,施工之前编制基于 3D 模型的计划,施工过程中在 3D 模型上记录构配件/设备的加工、安装时间	4D 模型的建立与维护
4	创建竣工模型,各种变更及时反映到 3D 模型上	3D 模型的更新维护
5	实物量的粗略统计	工程量统计

2) 施工阶段 BIM 实施的质量保证

模型创建基本原则:核心 BIM 团队必须就模型的创建、组织、沟通和控制等达成共识。

为了保证项目每个阶段的模型质量,必须定义和执行模型质量控制程序。分包单位建立的每一个模型都必须预先计划好模型内容、详细程度、格式、负责更新的责任人等。应完成下列工作:

(1) 视觉检查:保证模型体现了设计意图,没有多余的部件;

(2) 碰撞检查:检查模型中不同部件之间的碰撞;

(3) 标准检查:检查模型是否遵守相应的 BIM 和 CAD 标准;

(4) 元素核实:保证模型中没有未定义或定义不正确的元素。

(5) 总承包 BIM 总监在接受模型提交的时候需要检查模型质量控制和质量保证的协议有没有被遵守。

3）施工阶段 BIM 实施的应用点（表 5-3）

表 5-3 施工阶段 BIM 应用

序号	应用点	应用具体内容	需配合的单位和方式
1	各专业 3D 模型协调	设计院图纸或模型需要施工单位的深化,在设计提供的 3D 模型基础上,深化到可以施工的地步,进一步发现各专业之间的碰撞,以及操作空间不足等问题	设计单位提供 3D 模型
2	3D 模型的更新维护	施工过程中,业主、设计和施工单位均可能提出设计变更,根据设计变更图纸更新 3D 模型,保证模型与现场实物的一致性	设计、总包单位、各分包单位。各单位通过共享平台维护同一模型
3	4D 模型的建立与维护	根据施工方案,在 3D 模型的基础上赋予构/配件的安装/浇筑时间,形成 4D 的进度计划。实施过程中记录实际施工/安装时间,对比分析进度滞后/提前的原因,控制施工进度	监理、总包单位、各分包单位。各单位通过共享平台维护同一模型
4	施工现场平面规划管理	规划施工现场临设、大型机械、施工道路、各专业分包材料周转场地,使得现场平面布局合理、运转高效	总包单位、各专业分包单位
5	工程量统计	工程实物量的统计,受制于软硬件发展水平,边应用边研究	监理、总包单位、各专业分包单位

5.4.2.3 监理阶段 BIM 应用规划

1）监理阶段 BIM 实施目标

通过应用业主提供的 BIM 模型对施工现场进行质量和进度控制,并负责定期提供现场与 BIM 模型的差错报告,保证 BIM 模型和施工现场的一致性。监理过程中 BIM 实施如下:

运用模型进行质量管理,检验模型中材料和设备的信息和现场采购或者施工的是否一致,定期向业主提交 BIM 模型现场对照报告。

运用模型进行进度管理,定期将现场照片与 4D 模型对比,可直接看出现场与计划进度的差距,对出现的偏差进行分析,采取有效补救措施。

通过 BIM 对施工工艺进行控制,按照模型的施工模拟过程,监督施工的复杂施工工艺是否符合标准。

建立数字化验收文档,开展基于 BIM 的验收工作模式,并保存验收过程中的电子文档。

基于模型的沟通与协调,在项目例会期间与施工总包和业主沟通时,向业主提供现场照片与模型进行对比。

定期向业主进行 BIM 工作汇报,提交成果必须接受业主验收审核。

2）监理阶段 BIM 应用点

监理过程中 BIM 应用点规划见表 5-4。

表 5-4 监理过程中 BIM 应用点规划

序号	实施方	应用点	应用具体内容
1	监理方	初步设计模型审查	配合业主方检查初步设计模型的准确性
2	监理方	施工图设计模型碰撞检查	将施工图设计全专业（建筑、结构、机电）模型放到统一平台,在三维空间中发现设计不合理部分,并反馈业主以及设计院

续　表

序号	实施方	应用点	应用具体内容
3	监理方	施工图设计模型审查	配合业主方检查施工图模型的准确性
4	监理方	工期进度比对	施工计划进度与实际进度比对
5	监理方	施工过程模型变更审查	根据对比现场实施情况,审核施工方所提交的施工过程模型是否准确达标
6	监理方	深化模型碰撞检查	辅助深化设计后3D协调问题
7	监理方	辅助现场验收	利用移动平板导入BIM验收模型对现场进行质量控制

5.4.3 设计阶段协同工作说明

5.4.3.1 BIM设计方应用协同平台的工作说明

BIM设计方将成果过程文件按照既定的目录提交到协同平台,同时还可将工程联系单、来往过程邮件等内容放到协同平台上,做到工程实施与BIM工作在协同平台上衔接。

5.4.3.2 BIM设计方协同工作的机制

设计方BIM各专业内部之间采用"链接模型"的方式开展协同工作,设计方内部设计项目组与BIM小组采用专业施工图与专业BIM设计之间采用模型与CAD图纸对接,校核和反馈修改信息的协作方式。与对接相关项目设计方BIM之间的协同也可采用"链接模型"的方式(图5-6)。

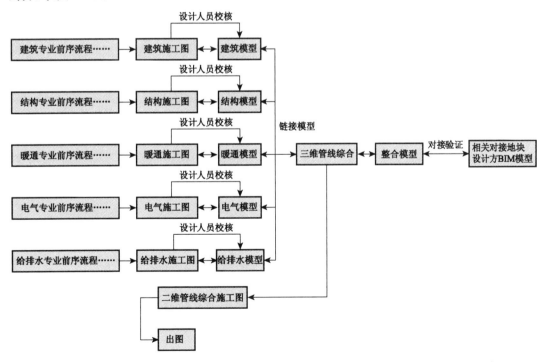

图5-6　BIM设计方协同工作机制流程图

5.4.4 施工阶段协同工作说明

5.4.4.1 BIM 施工方应用协同平台的工作说明

BIM 施工方协同平台,允许总承包商和各专业承建商、材料设备供应商登陆,根据授权更新维护、查询、利用统一的 BIM 模型。

5.4.4.2 BIM 施工方协同工作的机制

承建商应在服务期内提供基于 BIM 模型的以下应用:

(1) 根据施工进度和深化设计及时更新和集成 BIM 模型,各专业分包负责合同范围内施工阶段 BIM 模型建立和维护,总承包集成和维护各专业分包的模型。进行碰撞检测,提供包括具体碰撞位置的检测报告,并提供相应的解决方案,及时协调解决碰撞问题。

(2) 基于 BIM 模型探讨短期及中期施工方案,以虚拟施工的方式将问题解决在施工实施之前。

(3) 基于 BIM 模型准备机电综合管道图(CSD)及综合结构留洞图(CBWD)等施工深化图纸。

(4) 基于 BIM 模型提供能快速浏览的 Navisworks,DWF 等格式的模型和图片,以便各方查看和审阅。

(5) 基于 BIM 模型及施工方的施工进度表进行 4D 施工模拟,提供图片和动画视频等文件,协调施工各方优化时间安排。

(6) 应用 Autodesk Buzzsaw 网上文件管理协同平台,确保项目信息及时有效地传递。

5.4.5 监理方协同工作说明

5.4.5.1 监理方应用协同平台的工作说明

在建筑阶段以 BIM 模型文件中的数据为基础,对比实际项目施工进展,对整个项目实现海量工程数据的管理,实现现场动态模型和数据的实时共享。通过创建的建筑设计模型与现场采集的现状模型对比,进行实时协同比对,提供管理监督手段。基于 BIM 在项目管理方式上的共享和协同:

(1) 监理方应快速、全面集成信息、有机关联,形成 BIM 模型文件数据关系数据库,避免或减弱人工或以往信息化技术的信息孤岛问题。

(2) 应及时收集工程现场存在的问题,及时更新模型属性数据。

(3) 数据信息实现同步共享。实现项目各条线协同作业,减少信息失真、丢失和延误等问题,提升沟通协同效率。

5.4.5.2 监理方协同工作的机制

各管理单位根据各自项目规模、特点以及施工情况,配备相应的网络传输、信息模型处理服务、现场信息采集装备等,利用采集设备,按照现场管理要求形成项目管理的管理信息,然后进行分类、筛选、存储(表 5-5、表 5-6)。

表 5-5   监理利用 BIM 进行信息管理的过程

序号	应用点	应用具体内容
1	现场项目管理控制的远程监控	定期架设在施工现场的质量、安全等关键点位上现场采集器,把现场施工实况传送到项目管理部的计算机上,项目管理人员根据需要及时存储,并与建筑模型及时关联。若发现违规操作,及时在采集结果中标注,并对标注进行项目管理联系单、通知单的关联,发送给施工单位要求整改、纠正。通过网络传协同共享平台,便于建设各方及时了解、掌握,果断处理
2	计算机处理模型文件管理	项目管理月报、汇报总结、专题纪要等所用到的提纲、图示图解可用模型虚拟化模拟来制作,形成图文并茂的项目管理档案。建设单位、施工单位传递来的纸质载体文件及时用扫描仪录入到计算机内,形成电子项目管理档案,上传协同共享平台,并以链接方式关联至 BIM 信息模型,实现无纸化管理
3	模型辅助信息管理	利用 BIM 设计模型中图形及信息存储功能,有效地进行辅助管理和监控,如月度付款审核;排定和优化工程进度计划,进行计划与实际对比监控;记录、跟踪质量监测信息,分析对照验收规范对工程质量进行动态管理;建立质量监测知识库或专家系统辅助项目管理人员按每道工序的质量控制要点进行项目管理工作

表 5-6   监理过程协同工作汇总表

序号	阶段	协同内容	系统功能
1	前期准备	报送施工组织设计(方案);承包单位现场项目管理机构的质量管理体系、技术管理体系和质量保证体系,包括组织机构、管理制度、专职管理人员和特种作业人员的资格证与上岗证等;总分包单位资质资料等	信息上传导入:指定专业、楼层的设计、施工 CAD 图纸,BIM 模型,各种 Word,Excel,Project 等管理过程文件上传。 图纸、模型浏览:改变视角、方向、位置、远近浏览建筑模型,分层浏览,分专业,楼层浏览图纸。 信息标注:对于图纸和模型中任意位置进行标记(标记类型分为图片、视频、文本)和勾勒(用户自行勾画多边形)。并且可以在标勒信息中选择文本内容添加和不同类型的业务流程添加。 文档浏览:浏览各种前期文档信息,进行审查,录入审查信息
2	施工阶段	质量:施工准备阶段各种组织方案,开发报审表等相关资料	信息上传导入:同上。 图纸、模型浏览:同上。 信息标注:同上。 文档浏览:同上。 工单管理:用户可以在工程信息标注以后对所标注的内容选择不同工单模板,进行工程信息录入,同时也可以对所录入的工单进行修改、删除等管理操作。 质量对比:照片、CAD、OurBIM 模型的单独模式与交互模式的切换及对比,从中发现质量与施工设计中的对比情况并实施相关管理措施,派发工单

2	施工阶段	进度:施工总进度计划;年、季、月度施工进度计划	信息上传导入:同上。 图纸、模型浏览:同上。 信息标注:同上。 文档浏览:同上。 工程进度状态管理:对 BIM 模型的构件进行状态编辑,状态变化时,用不同颜色对应着不同的施工状态。 进度对比:照片、CAD、OurBIM 模型的单独模式与交互模式的切换及对比,从中发现进度与计划的对比情况并实施相关管理措施
3	验收阶段	竣工资料	验收管理:用户可以对专业、楼层的现场照片进行验收,并录入验收信息。同时也可以对已录入的验收信息进行修改、删除等管理操作

5.4.6 试点项目建设难点及应用 BIM 难点分析

本项目在实施过程中的难点如下:

(1) 13 家央企投资,小街坊、高密度规划,地下空间控制和整合的难度大。B 片区央企总部基地单体建筑物众多,地下空间贯通统一建设,由于地上建筑不是统一设计将对片区整体协调保证建筑间及专业间接口,处理复杂空间关系,以及合理功能布局等带来巨大挑战。本项目地下空间涉及多家 BIM 设计方,如何将所有设计方建立的模型最终整合起来,形成总体地下模型成为难题,为此本项目聘请专门的 BIM 咨询顾问团队审核模型并整合模型,控制地下空间整体模型的质量。从工作流程的角度看,BIM 支撑团队作为各个模型质量把关的后期环节,有利于整合并管理所有参与方的模型。

(2) 多方参与协调难度大。项目作为群体项目,参与方众多,仅设计单位就达 14 家之多。28 栋单体地下空间和规划道路地下空间涉及的参与方众多。在建设期间,难免要协调不同单体地下空间的管线、净高、人防区设置、防火分区设置,公共区域与单体地下空间之间的协调等,尤其从能源中心引出的各专业总干管的管线布置方案是否满足各业主需求,这些问题需要不断与各方业主和设计单位进行协调。

然而,这些问题二维图纸上较抽象,参与协调的业主对图纸的专业问题不太明晰,协调和交流的过程困难较多。因此,基于 BIM 的三维可视化的功能,利用三维模型的协调更加方便和具体,很大程度上提升沟通协调的效率和效果。

(3) 管线综合难度大。世博央企总部基地地下空间的所有管线从能源中心引入到 28 栋单体,给排水、暖通、弱电、强电及消防等各专业管线走向、净高以及是否影响地下空间的功能应用,在二维图纸几乎无法表达出来。在二维图纸状态下,管线综合的协调会很容易陷入问题无法解决的僵局。

在开展多次管线协调会后,世博央企指挥部决定在 BIM 模型的基础上进行讨论管线综合,利用 BIM 技术辅助解决管线综合的各种问题。

(4) 投资分摊难。地下公共空间项目由世博发展集团统一建设,但是由 13 家央企业主公共投资和分摊,如何建立合理、科学、及时的投资控制和工程量计算及成本分担方案也是本项目面临的一大难题。世博央企总部基地项目地下空间连成一体,各项目间存在诸多的搭接部分和公共区域,尤其是地下连续墙与支撑围护公共部分,该部分的投资分摊的原则和规则需满足各家业主的要求。为此,投资监理提出了项目实施的难点。

(5) 地下空间施工工艺复杂。本项目涉及超大型基坑施工过程,施工过程中遇到诸多施工工艺难点,如穿越博城路共同沟地下通道的施工,如何采取合适的施工工艺保证施工的安全性和原有构筑物的安全性成为难题。

5.5　试点项目 BIM 应用分析

作为群体项目,本项目建设过程中有诸多难点,因此试图应用新型技术 BIM 的优势辅助解决面临的各种问题,提高效率,节约成本。当前本项目应用 BIM 的价值点主要有以下几点。

5.5.1　可视化

3Dmax,SketchUP 这些三维可视化设计软件在设计理念和功能上有一定的局限,不论用于前期方案推敲还是用于阶段性的效果图展现,与真正的设计方案之间都存在相当大的差距。

本项目应用 BIM 后使得设计师不仅拥有了三维可视化的设计工具,所见即所得,更重要的是通过工具的提升,使设计师之间的沟通协调更加方便,同时也使业主真正摆脱了技术壁垒的限制,随时掌握自己的投资能获得什么回报。本项目参与方众多,可视化的三维设计将极大降低沟通障碍,提高沟通协调的效率(图 5-7)。

图 5-7　世博 B 片区方案图

5.5.2　管线综合

利用 BIM 技术搭建各专业的 BIM 模型,设计师能够方便地发现设计中的碰撞冲突,从而大大提高了管线综合的设计能力和工作效率。这不仅能及时排除项目施工环节中可以遇到的碰撞冲突,显著减少由此产生的变更申请单,更大大提高了施工现场的生产效率,降低了由于施工协调造成的成本增长和工期延误(图 5-8)。

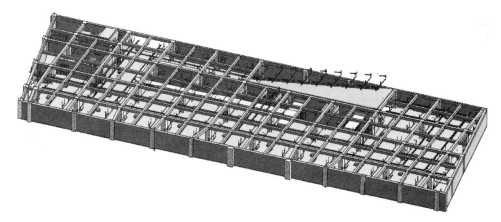

图 5-8   世博 B 片区部分三维模型图

5.5.3   工程算量和投资分摊

BIM 是一个富含工程信息的数据库,可以真实地提供造价管理需要的工程量信息,这样更容易实现工程量信息与设计方案的完全一致。通过 BIM 获得的准确的工程量统计可以用于前期设计过程中的成本估算、在业主预算范围内不同设计方案的探究或者不同设计方案建造成本的比较,以及施工开始前的工程量预算和施工完成后的工程量决算(图 5-9)。

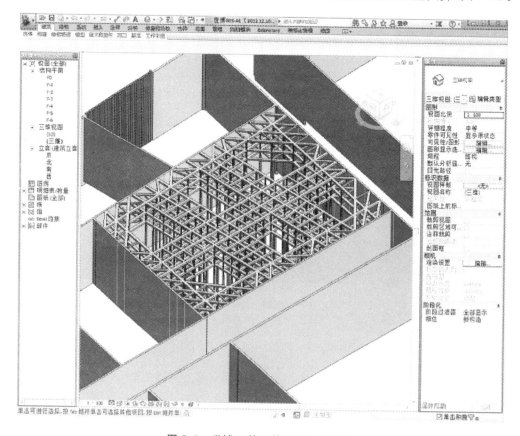

图 5-9   世博 B 片区基坑三维模型图

BIM 设计方了解投资监理的需求后，以搭建的 BIM 模型为基础，利用 BIM 工程量统计的应用方法，结合项目的实际情况设定项目参数并添加到模型中，辅助项目投资监理论证投资分摊的原则和方法。

5.5.4 施工模拟应用

本项目施工面狭窄，小街坊、高密度规划使 28 栋构筑物的施工出现交叉和干扰等问题。相互之间的干扰势必影响项目的进度和业主之间的利益，如不及时解决将影响整个项目的成功。为此，建议利用 BIM 模拟功能，虚拟布置场地，材料的摆放、塔吊的工作半径、施工工人的工作路径、材料的运输路径，等等，模拟后分析优化场地布置、材料运输路径和设备的工作半径，有助于本项目的顺利实施（图 5-10）。

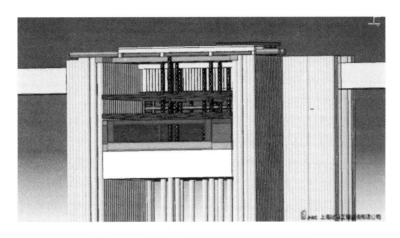

图 5-10　世博 B 片区道路通道三维模型图

本项目施工工艺难点较多，为辅助解决施工工艺复杂的难点，作为 BIM 工作的总协调方，央企指挥部 BIM 管理中心组织设计单位、施工单位以及各 BIM 科研攻关团队，讨论设计和施工方案，BIM 设计方建立静态模型后，BIM 施工方基于静态模型和施工方案进行动态演示，形成相应的视频和报表文件，供各方进一步讨论。

5.5.5 灾害应急模拟

利用 BIM 及相应灾害分析模拟软件，可以在灾害发生前，模拟灾害发生的过程，分析灾害发生的原因，制定避免灾害发生的措施，以及发生灾害后人员疏散、救援支持的应急预案。

5.6 试点项目的评价与建议

5.6.1 试点项目应用 BIM 的总体效果和价值分析

从国内外 BIM 技术在工程项目建设中的应用情况看，BIM 可以在项目建设的各个阶段发挥价值。在项目初步设计阶段，可以将初步概念模型置入拟建的环境形成建筑环境模型，获得建设项目在景观、气流、日照等环境信息，为建设方提供决策参照信息。另外，通过初步设计模型的建立反映建设方对建设项目的基本功能和需求，为后续设计定位提供依据。通过 BIM 也可以对项目设计方案进行检查，如专业规范检查、模型与图纸的一致性检查、模型精细度和准确性核查、跨专业的碰撞检查等，提高工程的可建造性。针对项目的实际情况对工程难度较大、专业性强的钢结构、幕墙、机电安装等进行深化设计建模、参数检测与核算、细部节点细化等，也可以利用 BIM 进行 3D 深化设计。在项目施工阶段，可依照施工场地的布设方案建模，对实际施工过程中的施工路径、大型设施、材料堆放、人员安全通行、防火设施布置等进行仿真模拟，为施工组织设计提供优化依据。另外 4D 仿真以其直观可视化特性揭露施工过程中施工空间、设施、资源之间可能存在的冲突和不足，以利施工计划的改进，可显著提高计划的可实施性。对工程重难点部位，依托模型进行虚拟现实施工，即通过预拼装、预施工可以提前发现实际施工过程中可能出现的问题或质量安全隐患，在施工方案阶段得以优化。

通过世博项目 BIM 团队的实践和总结，在世博 B 片区通道项目中，BIM 的应用价值主要在设计和施工两阶段得到了充分体现。

本项目通过 BIM 的研究和应用，辅助解决了许多实际问题，BIM 在此项目中的应用价值初见成效，尤其是在管线碰撞和净高分析、复杂施工工艺的解决等实际问题帮助较大。

通过管线碰撞检查和净高分析，辅助解决了地下公共空间的管线排布和满足净高的要求，较大机电管线安装问题在设计阶段进行解决，避免返工和施工阶段的设计变更等。本项目单体有 28 栋建筑物，地下公共空间的管线错综复杂，各单体之间的管线有交接，公共走廊等无法满足所有管线排布的要求，只能由各个单体到另外单体，管线的排布优化需要多方的协调和分析，而应用 BIM 很好地辅助解决这些问题。

穿越博城路的三条通道遇到共同沟，施工难题的解决依靠施工工艺的模拟进行解决。为保证施工的安全性和可靠性，在正式施工之前，对各种可能的解决方案进行模拟分析，优化施工方案，从而找出最可靠的解决办法。

5.6.1.1 BIM 在设计阶段的价值

具体地，本项目中 BIM 在设计阶段的价值主要体现在以下几点：

（1）通过 BIM 实现可视化设计，规避设计盲点

在设计初期，应用 BIM 模型推敲设计方案的合理性，控制连通道与共同沟之间的空间定位（图 5-11）。设计过程随时可以调出相应的三维截图，向业主与专家汇报方案，论证可行性，保证沟通过程中信息的顺畅表达，同时也能避免不同设计主体设计交互中的信息传达错误。

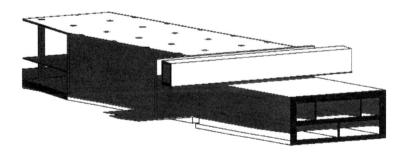

图 5-11　2# 通道方案设计阶段模型

（2）减少设计变更，提高出图准确性

在结构设计与 BIM 设计相互交流的过程中，可以通过 BIM 设计与二维设计的校核发现诸如结构标高尺寸不一致、实际围护桩数量与设计图纸提供的工程量不符合等问题，及时纠正，减少设计图纸的变更次数，提高出图质量。

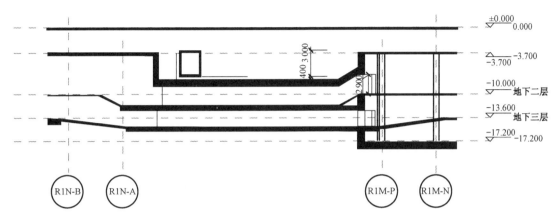

图 5-12　校核标高

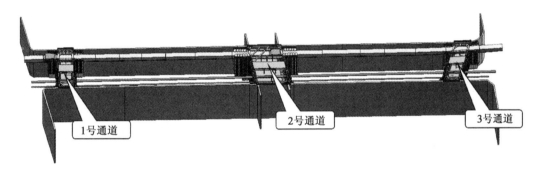

图 5-13　施工图精度的三通道与共同沟

（3）体现设计细节，优化设计方案

通过 BIM 模型清楚反映了在 2 号通道的共同沟处未封闭空间的大小以及斜打桩的最小长度以及平面位置；同时，通过 BIM 在设计工作中的应用辅助设计人员设计出合理的"增加竖向钢围檩＋钢横列板"的方案，确保基坑开挖的安全性。

在类似穿越共同沟地下通道施工项目这种复杂工程设计方案的形成过程中，通常二维图纸和效果图不能完全展示项目形态，只能依靠 BIM 模型来展示。通过 BIM 模型可以预警如果施工保障措施不到位将会出现的变形过大，导致基坑失稳和共同沟开裂等严重后果。对 BIM 暴露出来的工程问题，专家与相关单位反复沟通和验证，重新设计新的围护方案，降低了工程的风险，推动了工程的顺利实施。

（4）高精度 BIM 模型，贯通设计施工

设计方将完全达到施工深度的 BIM 模型交付施工单位，顺利实现工程 BIM 信息的有效传递与过度。通过后期相互配合与方案讨论，施工方在原有静态模型的基础上，预演了整个工程的施工动态模拟并合理安排施工工期，保证施工进度可控。

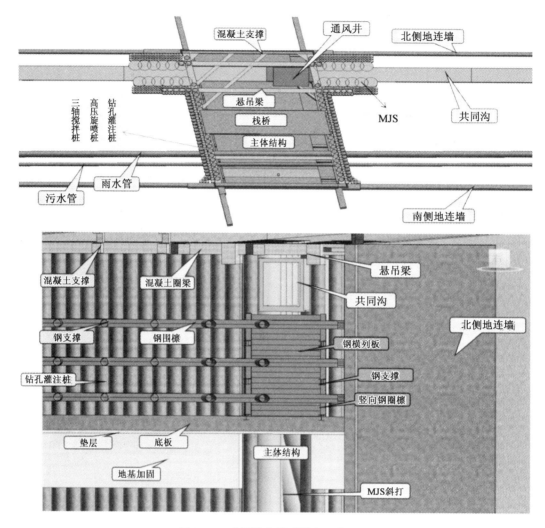

图 5-14 共同沟与地道横剖面关系图

5.6.1.2 BIM 技术在施工阶段的应用价值

BIM 技术在通道项目施工阶段的应用价值主要体现在以下几点：

（1）BIM 虚拟建造便于对复杂工序的理解

悬吊下共同沟土体开挖，共同沟下围护结构是边开挖边封闭钢板的，一次开挖通常不能暴露过多，并且共同沟下纵横向支撑挖土也比较困难，通过 BIM 演示在挖机高度及开挖范围内确定共同沟下每一次开挖的深度及收土顺序，加快开挖速度并保证开挖安全。

（2）BIM 对进度计划的有效管控

博成路三条地下连通道工程在围护施工阶段，涉及了钻孔灌注桩、三轴搅拌桩、高压旋喷桩、MJS 工法桩，机械设备比较多，而现场施工场地又非常小，工期非常紧。通过 BIM 将三个通道及施工现场 3D 模型与施工进度相链接，并与施工资源和场地布置信息集成一体，建立 4D 施工信息模型。实现建设项目施工阶段工程进度、人力、材料、设备、成本和场地布置的动态集成管理及施工过程的可视化模拟。

经过反复分析和斟酌，采用了三款软件 Naviswork、Synchro、Delmia，分别对穿越博成

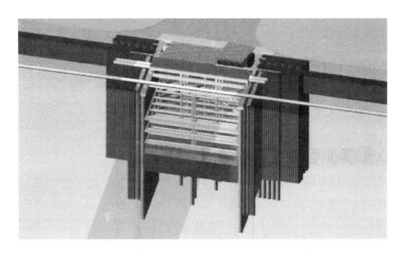

图 5-15　2[#] 通道 Navisworks 施工模拟视频截图

路的地下2号通道进行了4D施工模拟,输出3个视频文件并提出工期预警。

（3）主要成果

后世博地下空间开发工程应用BIM技术辅助决策、设计、施工是成功的,在确保世博园区绿色施工,共同沟运营条件下,成功对共同沟围护结构进行了封闭,保证了基坑开挖的安全及共同沟的稳定。目前地下空间开发正以蓬勃之势发展,BIM技术非常有价值。本文针对此问题提供了一种新思路及方法,并在下穿共同沟通道中很好地应用BIM技术,具有较大的推广潜力。

在穿博成路共同沟三条地下通道项目中应用BIM技术表明:通过BIM技术虚拟建造,做到了:一是在技术上解决了大断面共同沟下施工明挖地下通道难点;二是在安全上保证了运营中共同沟及基坑的安全;三是工期上节约了40天,在2013年春节前完成3个通道主体结构施工,保证了博成路在亚信峰会前通车要求;四是利用BIM技术优化工艺,相对比与顶管法节约了1 100万元。因此,该项目BIM技术的应用,是科研和生产结合的一个成功典范,也是BIM技术应用的成功案例。

5.6.2　试点项目应用BIM过程中存在的问题

本项目是群体项目且属于16家业主,并不是所有的业主都同意应用BIM技术。虽是该地块的建筑群体,但应用BIM过程中,组织管理构架和具体BIM实施未得到多方支持,公共空间的管线综合以及能源中心的管线走向等无法得到可靠的资料,整个群体项目的模型整合得不到支撑,以上问题的根源都是BIM的推动力不足,价值未获得认可,基于BIM的组织结构未得到完善。

由本项目可看出,阻碍BIM实施的因素主要是非技术因素,包括组织管理因素、合同、政府的支持、价值的认可度等因素。此外,本项目的实施过程中BIM咨询方和BIM技术支持方未与项目管理的各方完全融合,尤其在设计阶段,设计单位与BIM实施方未达到协同工作的要求,使得信息不对称,设计单位未充分认识到BIM在设计阶段的重要性,因此BIM价值未充分发挥。

在今后的BIM应用中,以上阻碍因素并不是短期内就可以完全解决的,而是需要政府、业主、设计方、承包商、软件供应商等共同努力,才能突破瓶颈,将 BIM 充分融合到项目管理中,发挥 BIM 的最大价值。

5.6.3 试点项目应用 BIM 带来的启示

（1）BIM 应用目标须尽早明确

项目在具体选择某个建设项目要实施的 BIM 应用以前,BIM 规划团队首先要为项目确定 BIM 目标,这些 BIM 目标必须是具体的、可衡量的,能够促进建设项目的规划、设计、施工和运营成功进行的。

BIM 目标可以分为两种类型,第一类与项目的整体表现有关,包括缩短项目工期、降低工程造价、提升项目质量等,例如,关于提升质量的目标包括通过能量模型的快速模拟得到一个能源效率更高的设计、通过系统的 3D 协调得到一个安装质量更高的设计、开发一个精确的记录模型改善运营模型建立的质量等。第二类与具体任务的效率有关,包括利用 BIM 模型更高效地绘制施工图、通过自动工程量统计更快做出工程预算、减少在物业运营系统中输入信息的时间等。

BIM 实施的成功取决于该 BIM 应用建立的 BIM 信息在建设项目整个生命周期中被其他 BIM 应用重复利用的利用率。换言之,为了保证 BIM 实施的成功,项目团队必须清楚建立的 BIM 信息未来的用途。这也是 BIM 应用目标须尽早明确的目的。

（2）BIM 应用需要有流程作支撑

在 BIM 应用于通道项目之初,整个团队并没有事先建立起一套完善的 BIM 应用流程,后续许多工作的开展以及各家单位之间的沟通协作都是在摸索中进行。尽管如此,通过对 2# 通道应用 BIM 进行施工模拟,团队还是总结出了在该项 BIM 应用中的一般流程。

但 BIM 的价值远不止用于施工模拟这一点。如果要在一个项目的全生命周期运用 BIM 辅助项目管理,那么事先制定出一个合理的工作流程显得更为重要。只有在一个各方明确并认可的工作流程下,BIM 应用工作才能高效有序地开展。

（3）BIM 应用需要各方协作

应用 BIM 技术最好的模式是 IPD,即基于 BIM 技术的综合项目交付,即由各方从项目建设初期介入项目,使更多的人涉入某些他们应该涉入的事,并且联合做决定。而国内现有的项目开展模式大多为 DB,即首先设计招标,出初步设计方案,然后进入施工图阶段,招总包和监理单位,接着进入到幕墙等施工阶段时,再招专业分包。因此,国内现有的这种工程建设模式对于 BIM 工作开展并非最有利的。

在通道项目中设计、施工合同内虽没有明确关于 BIM 的服务条款约定,但由于各方对 BIM 应用的认识高度统一,并且在实施过程中各方积极配合紧密协作各行其责,BIM 的价值才能得到真正体现。

在接下来的 BIM 应用项目中,建议学习国外先进的 BIM 组织方式,设立 BIM 协调员,用以组织协调项目相关各方应用 BIM 进行设计施工协调,提高 BIM 协调效率。

（4）BIM 应用必须与实践相结合

在对通道项目中 2# 通道进行了施工模拟时,业主方、BIM 咨询团队、施工单位、设计单位紧密协作,围绕通道项目工程实践展开,实时了解项目的现场施工进度并与计划进度作比较,分析了工期延误的原因并提出了优化建议,真正使 BIM 技术在实践中发挥出价值。由于后续施工方案的调整,BIM 咨询单位又协同施工单位和设计单位,修改了现有的世博 2 号通道模型,辅助设计单位进行防水和换撑方案的谈论和修改。在一次又一次的实践过程中,证明 BIM 应用与实践相结合的重要性,只有结合工程实践,既可利用 BIM 技术,也可更好发挥原有工程管理的基本技术,两者相得益彰,并能在精益建设的思想下,精确解决工程实际问题。

在推进央企总部基地地下空间 BIM 工作过程中,我们仍然需要不断克服项目的难点和各方的压力,极力推进 BIM 工作的顺利进行。下阶段计划扩展 BIM 应用的深度和广度,尤其是在世博发展集团大楼推行全生命周期 BIM 技术应用,BIM 模型将在设计、施工和运维阶段进行传递,并在不同阶段进行多方面的应用。

地下空间选择应用 BIM 技术是解决地下空间建设过程中难点的有效辅助手段,项目的建设应与 BIM 技术完全融合,这样既有效解决项目难点又能更深入体现 BIM 技术的价值和优势。虽然 BIM 是工程建设行业一项战略性技术,但 BIM 绝非万能的。在我国,有做到设计方与施工方的完全协调,施工方与业主方的没有隔阂,并非依靠纯粹 BIM 技术手段即可弥合的,各方对于 BIM 的应用价值需有客观的认知与评估。在生产实践中我们选择 BIM 技术应用也仅仅是辅助而不替代,但坚持一次 BIM 建模,多次使用,层次推进。

在不远的将来,希望推动 BIM 在本项目甚至国内的应用向更广阔、更深入、更有价值的方向发展。实践证明,央企总部基地地下空间结构复杂、管线交错,BIM 可为地下空间工程项目的全生命周期管理提供了强有力的技术支撑。没有 BIM 技术,工程建设行业转型升级将更为艰难。因此对于建设者而言,从企业发展战略放眼,从信息化整合着手,有计划地推进 BIM 在地下空间项目中应用,应是更为稳健的选择。

第6章 基于 BIM 的运维管理

6.1 平台架构

智慧楼宇管理平台按照"一个平台、三大网络、五大系统"设计总体架构,见图 6-1。

一个平台:楼宇内设置一个管理中心,来对整个楼宇进行统一管理。

三大网络:主要指光纤通讯网,物联网和信息数据网。

五大系统:平台主要分为五大系统:

(1) 空间管理系统(Space Management System,SMS)。

(2) 客户关系管理系统(Customer Relationship Management System,CRMS)。

(3) 人员管理系统(Workorder Management System,WMS)。

(4) 财务管理系统(Asset Management System,AMS)。

(5) 设施管理系统(Equipment Management System,FMS)。

除以上五大系统外,另包括 3D 显示系统(便于管理人员进行三维查看)和应急管理系统(当发生特殊事件时,各子系统根据发生事件的情况,有针对性的进行应急处置)。此外,还包括安全防御系统和代谢系统。在本书中不做介绍(图 6-1)。

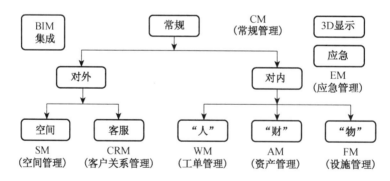

图 6-1 管理思路总架构

平台由主平台＋子系统方式组成。主平台与子系统之间直接连接。子系统至末端,则根据各模块需求,采用树型结构、星形结构、环形结构、总线型结构、分布式结构、网状拓扑结构、混合拓扑结构等各类方式。

平台的定位:不仅要保证楼宇的正常运行。还要对楼宇进行"运作",实现楼宇营收最大化。平台的存在是为了减轻管理人员的工作量,而不是为了管理而"管理",增加工作量。

6.2　平台功能

主平台＋五大系统，主要功能如表 6-1 所示。

表 6-1　　　　　　　　　　　　　　系统功能表

系统	系统模块			
主平台	BIM-3D 显示			
空间管理	空间规划	空间租赁	空间环境	空间安全
客户关系	门户网站	客户管理	服务管理	智慧服务
人员管理	人员管理	工单管理	绩效管理	培训管理
资产管理	财务管理	采购管理	资源管理	资产管理
设施管理	通信管理	消防管理	楼宇自控	能源管理

通过使用更多的智能化系统（设施、设备），协助管理人员对楼宇进行管理，以提高空间环境品质、楼宇管理效率、空间绩效等目标。

1）系统优势

（1）动态数据，与设备实时运行数据关联。

（2）实现采购、库存、维修、保养等资产管理流程的无缝连接。

（3）对每个设备建立详尽专业的资产档案，包括图片、铭牌、视频、描述。

（4）提供强大的在线诊断和能效分析服务并自动生成各种类型报表。

（5）便捷专业的跨部门的管理平台，提高工作效率。

2）系统特点

（1）客户可根据自身情况灵活选择服务功能块。

（2）客户可从自身需求出发，结合工作经验，定制服务内容，如定制采购审批流程等。

6.2.1　主平台

图 6-2　虚实图像结合

主平台是平台运行的基础。通过 3D 的方式显示所要管理的楼宇信息。各子系统以此为统一入口,方便管理(图 6-2、图 6-3)。

图 6-3　管理平台界面

6.2.2　空间管理

空间管理是企业对自身所拥有的土地、房屋等空间进行出售或租赁,以获取利润。为了让利益实现最大化,企业需要根据空间的商业定位(档次),明确空间环境品质等级、空间安全等级等信息并持续保持,以维持空间资产的价值。

6.2.2.1　空间规划

企业在获得空间后,对空间进行规划、设计。空间规划不仅包括楼宇空间的平面布局,也包括立面空间的利用(图 6-4—图 6-6)。

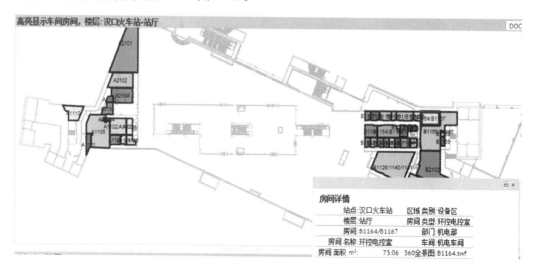

图 6-4　平面管理

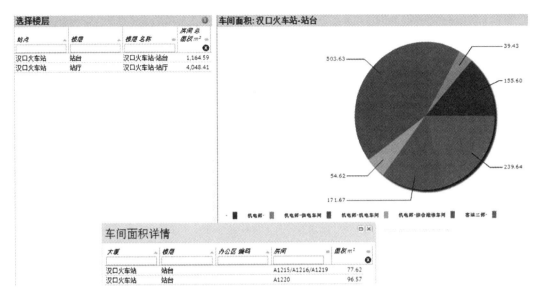

图 6-5 空间信息统计

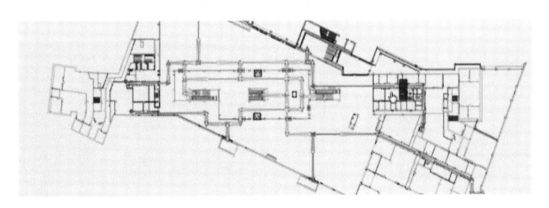

图 6-6 疏散路线

（1）平面规划

按使用功能进行划分,将空间分为可支配空间和不可支配空间。可支配空间:主要指工作区域,如工作区,会议室等;不可支配空间:主要指非工作区域,如厕所、楼梯、走道、设备用房等。

在一般建筑中,可支配空间一般占比为 60%～80%;不可支配空间中,走道占比为 10%～15%,其余占比为 10%～25%。

通过空间管理系统,对不同类型的空间占比进行计算。帮助管理方优化空间布局,尽可能提高可支配空间的占比,增加企业的收入。

对于不可支配空间中,部分走道的大小需要满足消防规范等,因此不可随意缩减。此处可通过增加走道的功能、价值等,以辅助可支配空间的销售或租赁。

（2）立面规划

立面是指室内可用的立面空间。虽然室内层高一般会大于 3 m。但在日常生活中,我们一般只使用 1 m 以下区域的空间(办公桌高度在 70 cm 左右)。通过立面规划,将室内 1 m

以上区域利用起来(例如安装吊柜,存放不常用的历史档案文件、备品备件等。按照人体工程学尺寸,利用高度可提高至 1.8 m 左右)。将节约出更多的平面空间供使用,增加企业的收入。

(3)空间管理

通过平面与立面的空间规划与优化,可以提升空间利用率。通过对各空间的功能分区,对防火分区、疏散路线、房间名称、房间类型、房间功能和房间面积等信息进行记录,供企业对空间进行管理与使用。

6.2.2.2 空间租赁

空间根据其定位,产生不同的价值。企业根据其价值,配合时间维度,商业模式定位等,确定其价格。由于空间业态的不同,使其具有不同的名称,如:

会议预约系统——按次("次",也可限定时间长度)进出,进行收费;

酒店客房系统——按小时/天/月(部分酒店可以包月),进行收费;

停车管理系统——按小时/天/月/年,进行收费;

教室排课系统——按天/学期,进行收费;

仓库/房屋租赁/销售系统——按合同约定,进行收费;

以及空间的功能转换:白天为餐厅,晚上为酒吧或节假日活动等(图 6-7、图 6-8)。

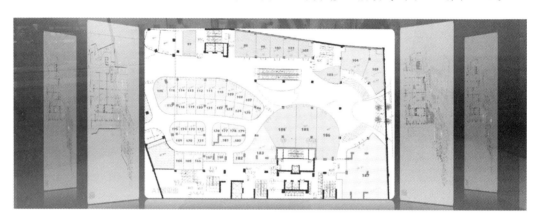

图 6-7　房间划分

图 6-8　租赁信息

通过空间租赁系统,与自动化系统联动。可以计算出各个房间的收入、公摊花费、能源支出等,以此获得各个的房间净收益。配合不同类型房间的市场需求,统筹分配,帮助企业调整房间类型/商业模式,提高企业的收入。

6.2.2.3　空间环境

空间环境包括硬件和软件。硬件包括各类实物:景观、装饰物、标牌标识、服务用品、垃圾管理等。软件为各类非实物:室内空间布局、交通流线、环境品质(含空气品质、空气安全、空气异味、病虫害等)、保洁养护等(图 6-9)。

以酒店为例,不同星级的酒店对空间环境的要求不同。连锁酒店的定位,连锁酒店的定价,配上五星级酒店的环境,虽然会吸引客源,但会增加企业投资,降低企业利润率。反之,五星级酒店配上连锁酒店的环境,则会使客源减少,降低企业收入。因此,企业管理者需要对空间环境的档次进行明确。

空间的舒适度环境可以通过安装传感器进行监测,当环境品质不达标时,可通过自动化系统自动调节。当自动化系统自动调节后也无法满足要求时,才进行报警,并给出可能性原因以供参考,如系统存在问题,需要进行维修;系统正常,但人员密度过大,无须进行维修等。

若需要进行维修,可进一步联动排班系统。根据系统故障发生的"危害"等级,安排人员在合适的时间进行维修(例如,酒店客房的设备优先维修,走道照明可晚些时候进行维修)。

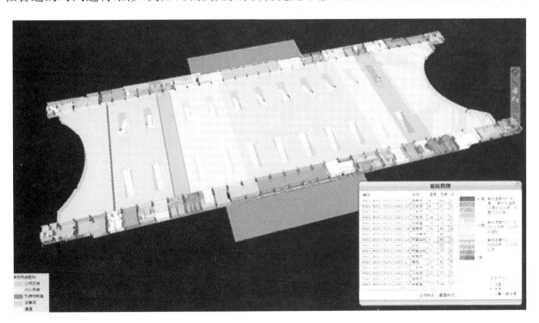

图 6-9　房间温湿度显示

6.2.2.4　空间安全

空间安全包括人的安全和物的安全。同空间环境一样,企业管理者需要确定空间安全的等级。

空间安全管理的信息化系统包括:周界报警系统;视频监控系统;楼寓对讲系统;户内入侵防范报警系统;户内无障碍系统设计;出入口控制系统;入户指纹锁系统;突发状况紧急求助及无线定位系统;电子巡更系统;停车场管理系统;安防集成联动系统等。

随着科技的发展,图像识别技术已经成熟,并被应用于停车场的车牌识别,名片的扫描识别等。摄像机配合图像识别技术,可以:

(1)区分黑名单客户和 IP 客户,及早提醒管理人员做好应对措施。

(2)在重要场所设置带声音侦测的摄像机,当没有合法权限的人进入,而场所内发出声音,则可采用联动摄像机进行远程查看。

(3)人的异常行为的检测识别跟踪与预/报警。通过检测图像序列人的异常行为,如人翻越院墙、栏杆,实施打架、斗殴、抢劫与绑架等犯罪行为时,即锁定跟踪与预/报警。

(4)人群及其注意力检测控制、识别与预/报警。能识别人群的整体运动特征,包括速度、方向等,用以避免形成拥塞,或者及时发现可能有打群架等异常情况。

(5)非法滞留物的识别、跟踪与预/报警。通过检测图像序列物的异常行为,如箱子、包裹、车辆等物体,在敏感区域停留的时间过长(如放置爆炸物等),或超过了预定义的时间长度就产生报警。

(6)GPS 定位控制与跟踪系统。如遇抢劫,能实施报警、跟踪该车的行踪。通过 GIS 电子地图可以知道车辆的位置,通过车载视频,记录劫匪的脸部图像。

(7)出入口人数等统计系统。能够通过视频监控设备对监控画面的分析,自动统计计算穿越重要部门、重要出入口或指定区域的人或物体的数量。帮助企业分析顾客转化率。

(8)可统计人们在某物体前停留的时间。据此还可用来评估新产品或新促销策略的吸引力,也可用来计算为顾客提供服务所用的时间等。

通过智能化的视频监控系统,并配合其他系统与技术,可将管理人员从视频监控的电脑前解放出来,使他们不用一直盯着电脑,可以承担更多的事,提高管理效率(图 6-10—图 6-12)。

图 6-10　视频监控

图 6-11　人数统计

图 6-12　电梯刷卡

6.2.3　客户关系

客户关系管理系统的宗旨是：为了满足每个客户的特殊需求，同每个客户建立联系，通过同客户的联系了解客户的不同需求，并在此基础上进行"一对一"的个性化服务。

6.2.3.1　门户网站

门户网站是企业形象的重要组成部分，也是将自身形象展示给客户的一个重要窗口。相对于传统宣传模式的价格昂贵，受时间、地区等限制，网络宣传的费用低廉，回报率高，并且能帮助企业把握广阔的发展空间和众多潜在的商业伙伴，是不间断的宣传窗口。

门户网站需要的基本功能如下：

（1）空间信息介绍（文字、视频、动画等）。

（2）交通信息（自身及周边，包括停车位等）。

（3）连接空间租赁（预定、租借空间）。

（4）链接交互信息（投诉、建议、活动等）。

通过 BIM 应用技术，可以给客户提供 3D 化的动态信息介绍，查看 3D 化的空间情况（选房），加强客户体验，提高企业对外的公众形象。同时，可以搭载一些周边的餐饮、超市、停车、景点等信息，为客户提供便捷，增加企业的软实力（图 6-13—图 6-16）。

另有微博、微信、APP、呼叫中心等，实现与客户的交流、互动。

图 6-13　信息介绍

图 6-14　步行模式游览

图 6-15　景点介绍

图 6-16　停车位查询

6.2.3.2　客户管理

企业可以通过租赁系统,获取用户信息。对不同的用户进行分类、分级,建立客户信息库。

通过信息库,可以对不同客户进行分析:空间产值差异(即使房间价格一样,但房间使用时间,房间内用水、用电量、用消耗品、购买增值服务的量都会不同),客户习惯差异(温度、湿度、种族习惯、外出习惯等),客户性格差异(平时一般如何,生气时会如何并知道如何化解),生日提醒等。

在有了信息库后,管理人员(包括新入职员工)可以提前获知客户信息及特殊需求并进行准备;可以根据客户的外出习惯,安排保洁、清扫的时间与优先级;在客户投诉时,知道如何安抚最合适(有些人就事论事,道歉并改正就可以;有些人需要用折扣券;有些人适合给赠品;有些人只是喜欢挑刺等)。

通过客户管理系统,可以更好地为客户进行服务,提供给客户更好的服务体验,增加企业的软性价值(图 6-17)。

6.2.3.3　服务管理

客户服务管理包括:合同档案管理、产品档案管理、产品维护管理、客户反馈管理和客户满意度管理等(图 6-18)。

(1)地址、电话、联系人,订单、合同、服务记录,客户信息一目了然。

(2)地域、规模、行业、级别、联系记录、历史交易,多角度分析捕捉每个销售机会。

(3)意见建议、技术支持、需求探讨,即时双向的沟通提升服务质量。

(4)数据的抽取、分析,形象的统计、报告,帮助调整细节,掌握全局(图 6-19)。

6.2.3.4　智慧服务

智慧服务是通过一些智能化系统,帮助企业提高服务效率。

1)智能机器人

人工逐条回答大量重复问题,浪费企业高额人力成本,智能机器人快速精确回答各种重

图 6-17 客户管理界面

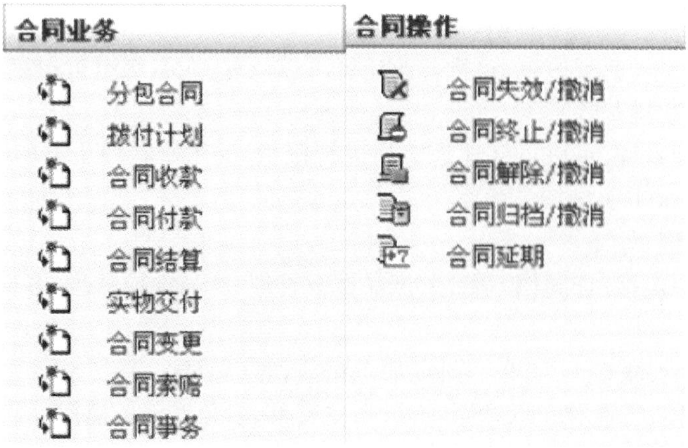

图 6-18 合同管理

复问题,节省超 80%人力。比人工客服更快更萌,提升客户满意度。智能机器人全面关照用户心理,即使客户调侃,智能机器人也能给出人性化回答,咨询体验更舒适。在机器人自动欢迎语中设置公告,让客户最快获知企业服务信息。机器人配合少量客服,企业可以最低成

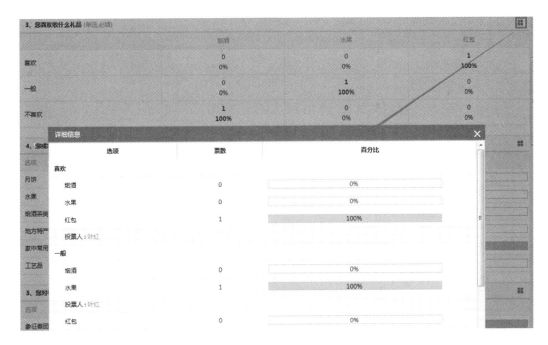

图 6-19　调查表管理

本做到 7×24 小时服务,不漏掉一个咨询。

2) 智能入住

一般,酒店都会鼓励客户办理会员卡。然而目前都是只发卡而不用卡。通过对发卡系统进行改进,使其具有更多功能:

对于 VIP 客户,相对于价格,隐私与服务体验才是他们更关心的内容。VIP 客户通过网上或电话预订房间后,可直接使用酒店会员卡(或门禁密码)进入酒店的预订房间。

在 VIP 客人入住后,酒店服务人员通过电话确认后,携带 iPad 和无线刷卡机去酒店房间帮客人办理入住登记,充分保障 VIP 客户的隐私权。

图 6-20　智能机器人

6.2.4 人员管理和工单管理

此处的人员管理,指的是运维人员的管理。

6.2.4.1 人员管理

楼宇的运维人员不仅包括企业内的人员,也包括各类外部供应商、外包人员等。不同类型的员工进行不同的管理。其管理方式由企业自定(例如考勤等)。

系统将记录其上班时间、请假安排等以确认人员的可用时间,根据个人能力,用以进行系统自动排班管理。

系统将记录其姓名、性别、工种、联系方式等信息,便于其他部门查找到所需人员。系统支持短信、邮件等发送。

图 6-21 人员信息卡片

图 6-22 消息管理

6.2.4.2　工单管理

工单管理——报修管理,分为系统报警和人工报修。

1) 系统报警

利用自动化系统进行报警。对于大部分机电设备,都可通过自动化系统进行实时监测与故障报警。其方法有:

(1) 水系统。安装水压、水量、漏水探测等传感器进行监测。

(2) 暖通系统。安装硬接点进行监测或通过关网接口,集成各设备自带的系统进行监测。

(3) 电气系统。安装硬接点进行监测,通过关网接口集成各设备自带的系统进行监测或安装电表进行监测。例如一个楼层的灯,若有损坏则整条回路的电量就会降低,通过计算就可以知道损坏几支。由于灯具一般在明显位置,维修人员进入对应楼层,抬头查看即可发现损坏的灯具。因此系统没有必要具体到某支灯管的损坏。

利用自动化系统提高了:报修的及时性(实时监测,一坏就报,不会延误时机);准确性(直接探测人看不见的电流、电压、隐蔽处等,可以发现人员巡检都发现不了的问题);降低了人员的劳动强度(使用人员不用打电话去报修,管理人员不用填一堆报修单,但维修人员依然需要填写表单信息);提高了管理效率。同时,也可能提高客户的满意度(图 6-23)。

图 6-23　实时报警记录

2) 人工报修

通过人员,手动进行报修。

对于门、窗、栏杆、家具、地面、装饰、标牌等非机电设备,以及打印机、冰箱、微波炉等小型家电,一般需要人工报修。报修方式有电话、微信等,通过设备上的编码进行报修的设备登记。

对于易耗品(纸张、笔、文件夹等),则在领用时进行管理,一般不进行报修记录与处理。

报修主要以自动化系统报警为主,可以大大提高管理的效率。通过两种报修方式相结合的方式,可以解决楼宇内所有的报修问题(图 6-24)。

图 6-24　人工移动端报修

3) 工单管理——排班、派工管理

在接到报警、报修、提示信息后,我们需要对报修信息进行整理与分级。

(1) 高级

实时处理。对于入侵报警,大型机电系统,重要设备故障报警等,我们将立刻弹出警示信息/摄像头,提醒管理人员进行情况查看。

对于客户空间的报修,我们将分情况进行处理:酒店客房、重要客户或性格比较急的客户报修,应尽快上门进行查看与安抚;租客、商户等影响他们正常办公、营业的报修,应尽快进行修复;若无法立刻实时解决,可将其调整为"中级"。

(2) 中级

计划性,尽快处理。对于租客、商户等不影响他们正常办公、营业的报修,可进行计划性维修:例如 3 天内尽快修复。

(3) 低级

计划性,有空时处理。对于损坏一支灯管,计划性保养等不产生多大影响的,或时间安排较自由的信息,例如 1~2 周内进行处理。对于某些机电系统,可自动启用备用电源等方式进行应急处理。对于某些大型维修、项目工程,可安排更长的时间进行处理。不含酒店接送服务派工。

除了客户的需求,我们也要考虑内部的资源情况:人员配备、可用时间、备品备件、外部资源等,每种情况又划为三级,最终形成多维度的综合判断。

例如有人可以维修,但是没有可用的备品备件,那么它将安排采购并延后维修计划;又如虽然没有备品备件,但是有外部供应商可用,或是可以从某处不重要的地方拆一个过来暂时顶替,那么维修计划就产生了变化;或者设备,已计划淘汰、废弃使用更新处理,则不安排人员进行维修。

通过多维度的考虑,以此来决定各设施的最终维修安排。形成维修计划,通过微信、邮件等方式,将次日的工作内容安排发送给每个工作人员。

系统记录损坏量、损坏时间、修复时间等信息。也记录未损坏,但参数不达标或存在异常波动情况的信息并给出可能性原因。通过信息记录,对各报修情况进行记录与保存,以供查验以此来统计与分析每月的机电故障情况(图 6-25、图 6-26)。

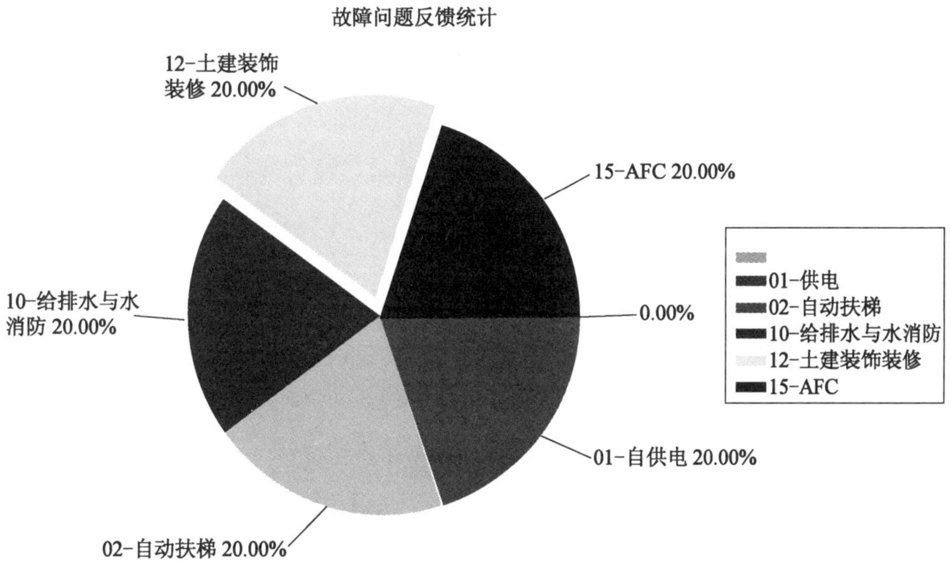

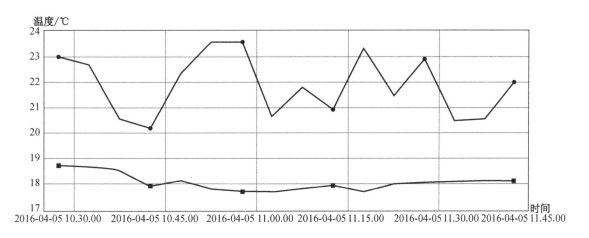

图 6-25　故障统计

图 6-26　送风周期性波动图

例如采用 BIM 技术进行统计分析与排名。

本月共计发生 27 类故障。其中房间温度设定值偏高发生故障最多,共计 2 000 次故障,平均每次发生时长为 6 小时。

其次是末端风阀偏小,共计 700 次故障,平均每次发生时长为 5 小时。

第三是房间风量传感器故障,共计 500 次故障,平均每次发生时长 10 小时。

6.2.4.3 绩效管理

对于楼宇,不仅要保证楼宇的设施、设备没有故障,还要保证各设施、设备能达标运行,经济性运行。管理人员不可能实时去监测各个设施、设备的运行情况,因此,这一切都有赖于信息化系统的帮助。

例如冷热源系统,我们需要监测其整体 COP 数值,使其达到 3.0 以上(各系统形式不同,此处为假设)。COP 是空调能效比,空调能效比越大,在制冷量相等时,用能就越少,节省的电能就越多。

另外还要考核:机电负载率、室内环境温湿度、室内环境品质等各类参数,保障楼宇能"达标"运行。

通过故障报警、修复后的恢复等信息记录。系统自己分析与计算,并出具绩效报告。帮助管理人员查找、分析与改善管理效果(图 6-27、表 6-2)。

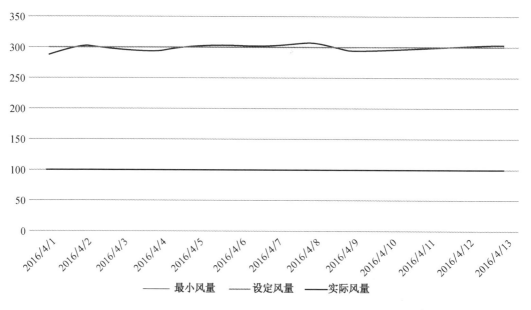

图 6-27 送风量变化情况(L/S)

表 6-2　　　　　　　　　　　　　　　绩效统计表(参考)

考核项	系统整体 COP kW/kW	系统主机 COP kW/kW	系统运行平均负载率/%
基准	3.2	4	70
平均值	3.6	4.4	80
达标率	65%	98%	97

6.2.4.4 培训管理

在楼宇的运维过程中,会涉及企业员工的加入与退出。有些甚至来了一个月就走了,企业重复性派人指导新人,成本是十分高昂的。

通过将培训内容记录下来,形成电子化文档、视频等,让新员工自己去学习并进行考核,降低管理人员的工作量。

对于可选性培训,可进行信息发布,让员工自己报名(图 6-28—图 6-31)。

图 6-28　培训信息发布

图 6-29　培训申请

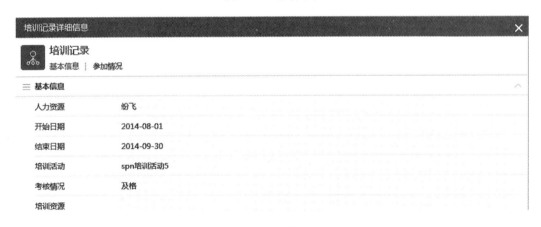

图 6-30　培训记录

图 6-31　考核情况

6.2.5　资产管理

资产管理是对楼宇内所有涉及运维部分的非货币资产进行管理。

6.2.5.1　财务管理

财务管理包括收入管理、支出管理、预算管理等。

1) 收入管理

对于楼宇内由运维管理人员代收的费用进行记录与管理,如停车费、保洁费、水电费、租金等。对运维部门的年可用资金进行记录与管理。

2）支出管理

对运维部门的每笔支出进行记录与管理,并对支出费用的类型(维修、维保、自然灾害、客户毁坏等)进行分类统计,以判断费用支出是否合理,为来年制定预算做参考。

3）预算管理

系统需要记录楼宇内所有设施、设备的采购价格及预期寿命。在年初做预算时,系统可拉取当年所需支出的维护费用、维保费用、快"损坏"设备的预留金等信息。

在设备寿命预测上,若信息足够、可按设备的"经济寿命"进行预测,并计算资金总额。在金额上,可调整各设备的价格,以和当前市场价相匹配(图 6-32)。

4）其他

去年未花完或超支的费用;项目还在进行中、未结算的费用等。管理人员可以自行添加其他可能性支出。通过预算管理,辅助企业管理者进行预算决策。

预算编制

组织机构	预算总额	已分配/汇总预算	已发生费用
泛微上海	118768477.88	118681649.58	0.00
维森进出口有限公司	81977526.47	251258672.70	0.00
维森汽车物资有限公司	36334123.11	162880557.91	0.00
维森国际商贸有限公司	340000.00	340000.00	0.00

图 6-32　预算编制

6.2.5.2　采购管理

企业产品采购分为一次性付款和分期付款(例如:合同能源管理)。对于资金不足的企业,若设施、设备不急着更换,可以考虑分步投资。否则可以考虑合同能源管理方式。

采购时需要明确各设备的质保时间。普通机电设备通常为 2 年;LED 照明为 2.5 万小时。若采用合同能源管理方式,则可以将质保问题转移给合同能源管理企业(合同签订 5 年,则产品需要"质保"5 年)。

质保期间设施、设备发生问题时:普通机电设备,通常由厂家进行上门维修,LED 灯则会给予一定备品备件,让企业自行更换,并定期/不定期回收损坏的灯管,更换为新灯管。合同能源管理项目则由合同能源管理企业负责维修或更换。

因此,在企业采购,合同签订时,就确定了企业可用资源的变化。系统需要以此情况进行人员分配及维修方案。

对于工程项目,则采用项目管理系统进行管理(图 6-33、图 6-34)。

新建项目

开发类 (1)		自定义项目 (0)		产品类 (0)	
▶ 标准产品开发项目		▶ 空模板		▶ 空模板	
▶ 空模板					

图 6-33　新建项目

图 6-34 项目监控

6.2.5.3 资源管理

有形资源管理主要指家具、机电等实物的管理,即仓库管理(图 6-35—图 6-40)。

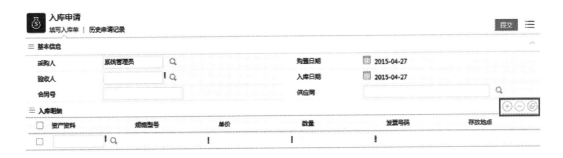

图 6-35 入库申请

图 6-36 用车管理

无形资源管理主要指软件、电子书、档案、文档等。

6.2.5.4 资产管理

1) 固定资产管理

固定资产是指企业为生产产品、提供劳务、出租或者经营管理而持有的、使用时间超过

图 6-37　货架管理

图 6-38　文档新建与资料上传

12 个月的,价值达到一定标准的非货币性资产,包括房屋、建筑物、机器、机械、运输工具以及其他与生产经营活动有关的设备、器具、工具等。固定资产是企业的劳动手段,也是企业赖以生产经营的主要资产。

固定资产管理是对企业内资产状态的一种调整和维护,包括了资产的领用、调拨、借用、减损、报废、送修、归还等。

2)低值易耗品管理

低值易耗品是指劳动资料中单位价值在 10 元以上、2 000 元以下,或者使用年限在一年以内,不能作为固定资产的劳动资料。

低值易耗品在领用时进行控制与管理,不进入系统。

图 6-39　文档目录管理

图 6-40　文档管理

6.2.6　设施管理

设施管理,此处主要指楼宇内设施、设备的管理,通常使用智能大厦管理系统(IBMS)。

6.2.6.1　通信管理

信息通信系统是保证建筑物内语音、数据、图像传输的基础,同时与外部通信网(如电话公网、数据网、计算机网、卫星以及广电网)相连,与世界各地互通信息。建设内容包括:综合布线系统;计算机网络系统;无线网络覆盖系统;程控电话交换系统;有线电视系统;多媒体信息发布系统等。

网络管理的需求是多方面的,网络管理的功能也是随着需求与技术的发展而不断完善的。从技术的角度来说,网络管理系统能够实现网络的故障管理与诊断、配置管理、安全管理、网络流量控制、计费管理功能以及网络路由选择策略管理等功能。

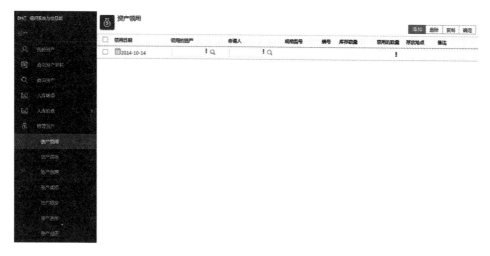

图 6-41　资产领用

图 6-42　用车查询与审批

6.2.6.2　消防管理

消防管理系统一般在楼宇建设时完成。通常情况下并不使用。定期进行维护。系统可以做一些视频教学,虚拟演练(图 6-43)等内容。

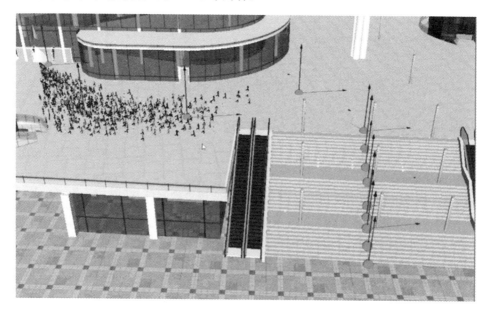

图 6-43　虚拟演练

6.2.6.3　楼宇自控

IBMS是把各种子系统集成为一个"有机"的统一系统,其接口界面标准化、规范化,完成各子系统的信息交换和通信协议转换,实现五个方面的功能集成:所有子系统信息的集成和综合管理,对所有子系统的集中监视和控制,全局事件的管理,流程自动化管理。最终实现集中监视控制与综合管理的功能。

IBMS可管理大楼内的所有机电设施、设备。常规监控内容分类为:冷热源系统、空调系统、送排风系统、变配电系统、智能照明系统、电梯系统、给排水系统以及其他想纳入监控的系统(景观照明、灌溉系统、新能源系统、酒店客房控制系统等)。

通过安装IBMS系统,管理人员在办公室内即可完成大楼内所有设施、设备的监视与控制管理,不用再去巡视设备机房;对于机房内环境,可安装漏水探测器感知机房内漏水情况,也可以安装摄像机。当需要查看设备机房时,远程打开机房内灯具及摄像头,即可进行现场查看(图6-44)。

楼宇自控系统较大程度地降低了管理人员的工作强度,提高了企业管理效率。

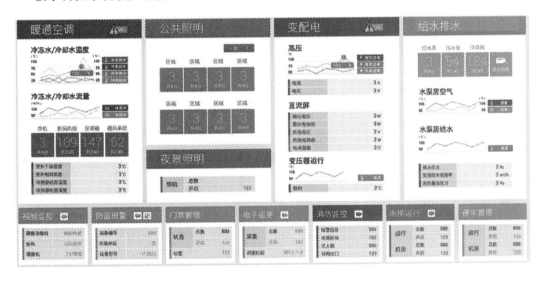

图6-44　运行监测

6.2.6.4　能源管理

能源管理平台由硬件与软件共同组成,本解决方案提供的能源管理系统能够实现对电能、水、燃油/燃气等多种能源类型实现实时监测与数据传输。

通过建设能源管理系统将达到以下目的:

(1)完善能源信息的采集、存储、管理和利用完善的能源信息采集系统,便于获得第一手运行工艺数据,实时掌握系统运行情况,及时采取调度措施,使系统尽可能运行在最佳状态,并将事故的影响降到最低。

(2)建立客观能源消耗评价体系,能源管理系统的建设实现了能源设备管理以及运行管理,有效实施客观的以数据为依据的能源消耗评价体系,及时了解真实的能耗情况,及时有效提出节能降耗的技术措施和管理措施。

(3)减少能源系统运行管理成本,简化能源运行管理,减少日常管理的人力投入,节约人力资源成本。

（4）加快能源系统的故障和异常处理,提高对企业性能源事故的反应能力。通过优化能源调度和平衡指挥系统,节约能源和改善环境。

（5）能源管理系统的建成,将通过优化能源管理的方式和方法,改进能源平衡的技术手段,实时了解大楼内能源需求和消耗的状况,使能源的合理利用达到一个新的水平。为进一步对能源数据进行挖掘、分析、加工和处理提供条件(图 6-45)。

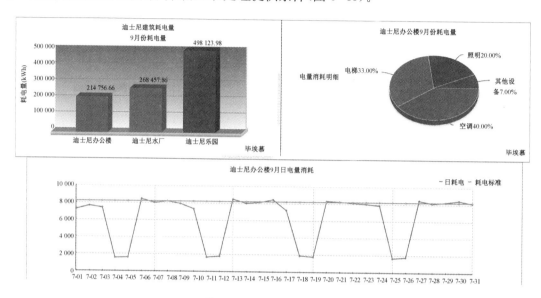

图 6-45   用能信息分析图

第 7 章　总 结 与 展 望

7.1　研究内容总结

BIM 作为一场建筑业的技术革命,对整个建筑业产生了深远的影响。如果充分有效的应用,可以给工程项目的全生命周期管理带来巨大的改变,当然在工程项目管理应用中发挥着重要作用。通过本书研究,得出以下结论:

(1) BIM 技术因其三维可视化的特征,丰富的信息存储特征以及通过集成整合各专业的图纸和模型,可以有效提高工程项目管理的效率和效果。对有些传统的管理方法而言,BIM 的应用可以充分发挥其潜质,使其作用效能不仅仅存在于理论层面上,而在实际的工作中可以展开操作,最大程度的发挥传统管理方法的作用。此外,BIM 的应用还为工程项目管理工作提出新的思路,产生了一些基于 BIM 技术的新方法、新工具。这些方法和工具的应用可以不同程度的提高工程项目管理工作的效率,也对整个建筑业的工作模式有着深远的影响。

(2) 虽然 BIM 技术可以为三大目标的管理带来以上好处,但是其自身的应用仍然存在一定的局限性。应用 BIM 技术并不能解决项目管理中存在的全部问题。对于那些因为工作方式和使用工具的局限所产生的问题,BIM 往往能够有效解决,而对于因为政策和客观条件的限制所产生的问题,BIM 还力不能及。

(3) 虽然国内已有一些工程项目不同程度上应用了 BIM 技术。但是,由于前文已述的各种原因,BIM 技术在我国的推广还面临着众多问题和障碍,仍然处于初级应用阶段,具有很大的推广和研究空间。

7.2　研究过程总结

(1) 在本书写作过程中,作者查阅和引用了大量的国内外文献,通过对文献的梳理,提炼出大型复杂群体项目在全寿命周期内应用 BIM 的必要性和可行性,以及在应用过程中可能遇到的阻碍,在此基础上,提出本文的研究思路和研究内容。

(2) 研究和总结了 BIM 技术、项目全寿命周期的内涵和范围,以及大型复杂项目群体的特征和难点,为分析 BIM 在项目各个阶段的应用打下基础,并强调大型复杂群体项目较一般项目来讲更应该应用 BIM 的原因。

(3) 通过对建设环境的分析和文献的梳理,得出现阶段 BIM 应用过程的障碍。进而得出 BIM 应用的理想环境,包括组织环境、管理环境、合同契约环境和技术环境等,并研究在理想环境下 BIM 在各个阶段应用的流程梳理。

（4）基于以上研究内容,结合大型复杂项目群体的难点,将 BIM 的价值与工程管理的过程相结合,融合到项目管理的实施过程中,在项目实施过程中逐步实现 BIM 的价值,BIM 的价值将体现在项目建设的全过程中。

（5）设计调查问卷,选择典型的试点案例验证理论研究,通过分析和总结得出大型复杂群体项目应用 BIM 的价值点和应用 BIM 的必要性,当前阶段 BIM 应用还存在的问题提出相关的建议。

7.3　研究展望

本书的研究面对的应用对象是大型复杂项目群体,研究的周期是项目全寿命周期,内容主要是新技术——BIM 在建设生产实践的应用和不断改进。作为新型的建设管理技术,目前 BIM 的应用还不够成熟,在实践中受到时间和建设环境的限制,有关 BIM 在全寿命周期应用的研究还需要深入探索。

本书的重点主要在项目管理与 BIM 技术的融合及实践中的应用方面,因此未对其他相关内容作深入分析,如基于 BIM 的项目管理的合同管理模式、协同工作的技术要点以及影响基于 BIM 应用的文化、法律等因素,但为了研究的收敛性,这些内容需要在后续的研究中不断完善。

第 8 章　案例分析

8.1　案例一:吴江绿地中心项目

图 8-1　吴江绿地中心项目效果图

8.1.1　项目概况

绿地集团吴江滨湖新城超高层项目由一座混合功能塔楼和裙房组成,塔楼高度到结构楼板顶部 318 m,最高建筑构件处 358 m,裙房 4 层。本项目为一个带有伸臂钢桁架的钢筋混凝土"框架-剪力墙"结构。项目主要功能:办公、酒店、公寓、零售。

根据设计进度,从 2014 年 7 月 1 日至今,BIM 咨询顾问已为绿地集团苏州绿地中心项目完成协同平台搭建、项目级实施规范定制、地下室一区各专业模型搭建、碰撞报告分析、管综优化、净空优化分析、分专业参考图导出、设计辅助优化等工作,挽回大量潜在的设计风险。

###

8.1.2 定制企业级实施规划

绿地集团首次实施 BIM,因此 BIM 咨询顾问针对绿地特点专项定制了适合绿地的企业级实施规划,确定协同规范、交付规范及其他流程制度,并在项目实施过程中不断调整,最后形成绿地集团内部 BIM 应用标准(图 8-2)。

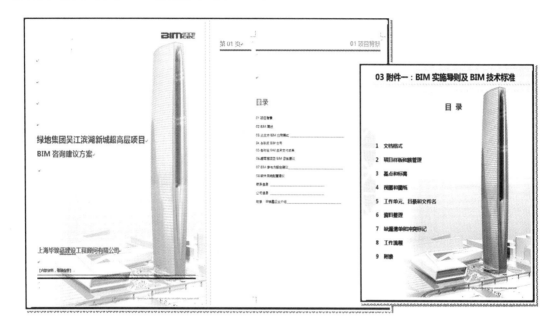

(a) 超高层项目 BIM 咨询建议方案

(b) 项目级 BIM 实施导则及技术标准

图 8-2 项目级 BIM 方案及技术标准

8.1.3 协同平台数据规划

本项目建筑规模庞大,参建单位多,设计图版本更新快,团队之间同步数据不及时,不同设计专业之间协同效率低,需要经常面对面沟通,花费了大量时间和人工,为了让项目参与各方能够在最短的时间内沟通及时,方便工作,在项目开展之初,BIM 咨询顾问针对绿地项目架构了协同数据工作平台,高效地解决了以上存在的问题(图 8-3)。

图 8-3　协同平台架构

8.1.4 碰撞点分级检测评估

因项目体量大,地下室初版设计图纸检测单就有上千处碰撞,业主不可能针对每条碰

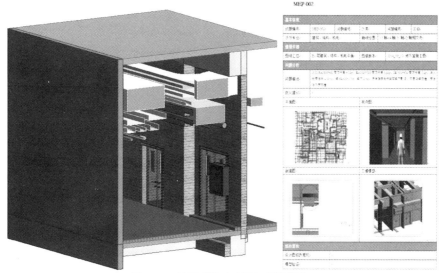

图 8-4　Ⅱ级碰撞点剖面,碰撞报告

撞点进行分析讨论,因此为了更高效地让业主及设计方发现问题关键所在,BIM 咨询顾问对上千处碰撞进行了专项分类分级,80%以上Ⅲ级碰撞自行优化,15% Ⅱ级碰撞根据检测单专业设计师意见优化,5% Ⅰ级碰撞则一次性召集设计院各专业设计师综合优化,所有优化记录均汇集成《关键点优化方案汇总》,发送给设计院进行二版图纸修改,从而帮助业主提前做好修改工作,减少材料的浪费、返工的时间以及与各参与方协调的过程(图 8-5)。

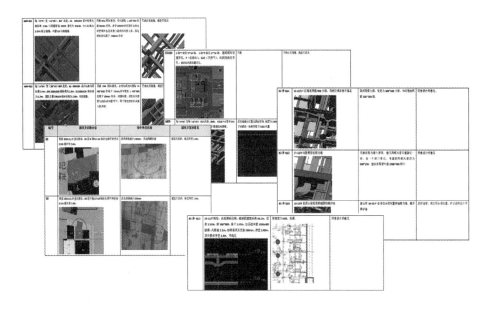

图 8-5　关键点管综优化方案报告工作流

8.1.5　协同设计拍图

利用 BIM 技术协同设计院专业拍图,可以更高效地解决设计中的关键难点;3D 可视化的虚拟排布,可以让设计师更精确地进行方案决策,在设计之初就能最大程度满足业主在净空、区域等方面的要求,避免后期多次图纸修改(图 8-6)。

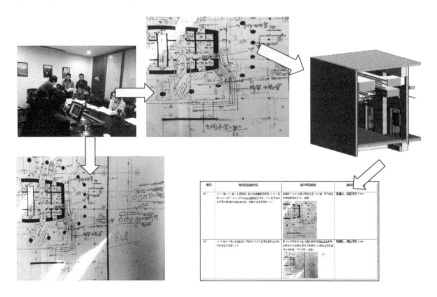

图8-6 与业主、上海华东设计研究院、机电顾问公司技术交底对接

8.1.6 闭环工作流体系,加强业主对过程数据的管理

在管综优化过程中,所有需要设计方、机电顾问等多方共同讨论协调的关键点,BIM咨询顾问都会集成闭环方案报告,在这套报告体系里面,每一个关键点所有的数据及解决方案都会有详细的跟踪记录,最终解决确认的问题,会以"√"高亮显示,没有最终解决的会以"×"显示,这样,业主在拿到报告后就能快速掌握管综优化进度及关键点解决思路,从而大大加强了业主对过程数据的管理能力,如图8-7所示。

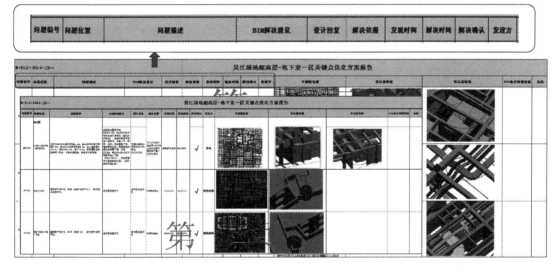

图8-7 净空色块图及关键区域图

8.1.7 周报记录、阶段成果提交

周报及季度汇报成果的提交,可以让业主全面把控项目进展,并对BIM的实施做总体规划;同时闭环的报告工作流使得业主准确快速了解成果的解决流程,如图8-8所示。

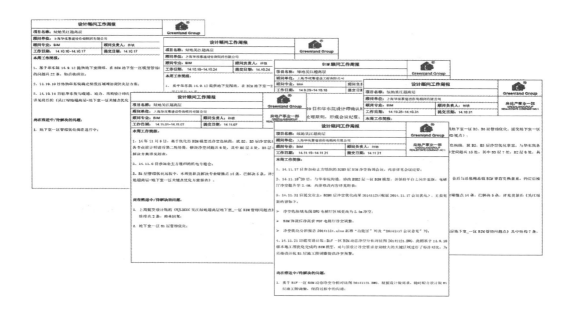

图 8-8　相关周报记录资料示意

8.1.8　净空分析优化

由于酒店方的入住,本项目地下室的净空,业主在设计阶段就非常重视,并且提出了很高的要求,这就更加需要在正式施工图出具之前,运用 BIM 进行净空优化分析。经过和设计院集体协商,确定关键净空区域,发现和解决净空不足问题共:24 处,其中 B3 层 10 处,B2层 14 处;形成《WJLDCGC 吴江绿地超高层地下室一区 BIM 净空优化分析报告》;满足了业主设计阶段对净空的要求,如图 8-9 所示。

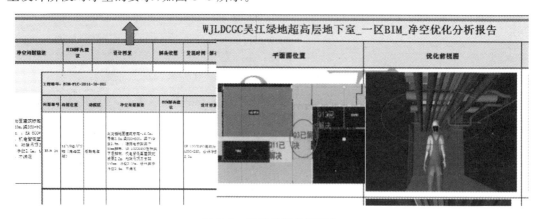

图 8-9　净空优化分析报告

8.1.9　关键节点 BIM 可视化出图

酒店系统的入住,使地下室机电系统变得更加负责,走道内塞满了机电专业管道,在高净空要求的前提下,无疑给设计及后期施工带来了巨大压力,BIM 咨询顾问针对核心筒区域及关键后勤走道分别作了BIM可视化出图,并进行虚拟方案排布,协助业主进行方案决策及设计出图(图8-10)。

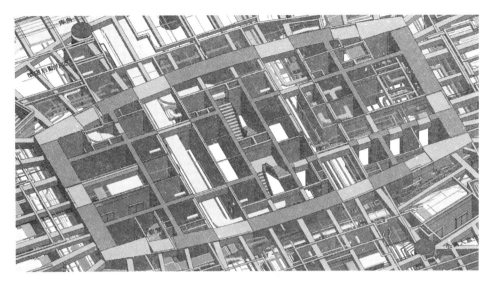

图 8-10 核心筒部分可视化排布

8.1.10 BIM出图辅助设计:预留洞定位图、剖面图、管综平面定位图

基于与设计方敲定的BIM管综解决方案,按照业主要求的区域净高要求进行BIM模型管综排布后,经各方审查汇报,方案通过之后,可以基于BIM管综模型导出预留洞定位图、剖面图、管综平面定位图等,以供设计师完善施工图,并可以指导现场施工(图8-11)。

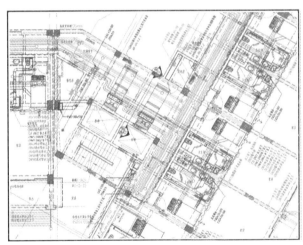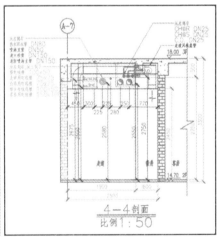

图 8-11 项目优化图纸

8.1.11 营销阶段:虚拟漫游仿真平台

将BIM模型导入到后期制作引擎内进行后期加工,如材质、灯光、实景渲染、UI处理等,从而让客户体验到未来不同的周边景观。在项目设计和施工过程中,通过虚拟现实工

具,利用设计 BIM 模型经过数据处理表现不同方案,方便决策层直观分析和对选实施效果,提高沟通效率。避免施工返工问题,节约项目成本;后期,虚拟漫游系统平台数据整合为对外营销推广展示平台。虚拟漫游系统平台可以让使用者通过网络平台就可以身临其境体验建筑、景观、灯光、文化小品等信息,让业主直观体验项目建成后的实景效果(图8-12)。

图 8-12 项目效果图

<h2>8.2 案例二:阳光城唐镇项目</h2>

项目效果图如图 8-13 所示。

图 8-13 项目效果图

8.2.1 项目概况

唐镇项目属于典型地铁上盖综合体项目,位于上海市浦东新区唐镇新市镇,项目用地被四条主要城市道路围绕:东至齐爱路,南至高科东路北侧 10 m 绿线,西至曹家沟东侧绿线,北至规划银樽路。占地面积为 56 336.00 m²,建筑面积为 239 319 m²;地上总建筑面积约 140 640 m²(其中办公 6.95 万 m²、酒店式办公 4.114 万 m²、商业 3 万 m²);地下总建筑面积约 9.867 9 万 m²(其中地下商业 2.945 9 万 m²、地下车库及配套用房 6.922 万 m²,未建部分约 65 100 m²)。

8.2.2 定制 BIM 实施技术规范

制定项目各参与方 BIM 实施要求,规范各方职责、权限、配合 BIM 实施的具体要求,协助甲方做好各参建方招标之 BIM 配合工作。由业主方主导,BIM 咨询顾问协同编制,并且召开项目级 BIM 实施动员会,详解 BIM 技术实施规范条例,使项目参与各方了解在今后 BIM 开展工作中应尽的义务及责任,以及相应的奖罚措施,从而给今后 BIM 的实施及落地奠定了基础(图 8-14)。

8.2.3 设计协同平台架构

本项目建筑规模庞大,参建单位众多,设计图版本更新快、团队之间同步数据不及时,不同设计专业之间协同工作效率低,需要经常面对面沟通,花费了大量时间精力,为了让项目参与各方能够在最短的时间内沟通协同工作,在项目开展之初,我们针对绿地项目架构了协

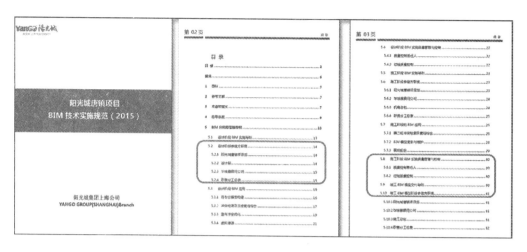

图 8-14　项目 BIM 技术实施规范

同数据工作平台，高效地解决了以上问题。如图 8-15—图 8-26 所示。

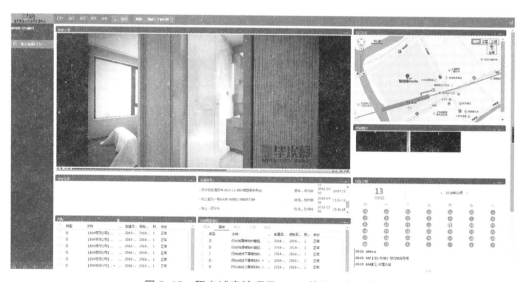

图 8-15　阳光城唐镇项目 BDIP 协作平台门户

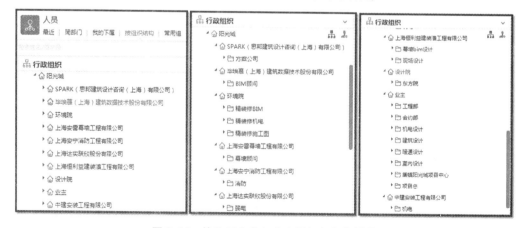

图 8-16　协作平台参与方人员组织架构模块

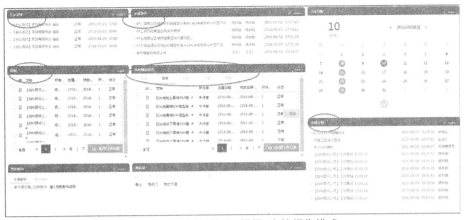

图 8-17 会议、协作、周报、审核报告模式

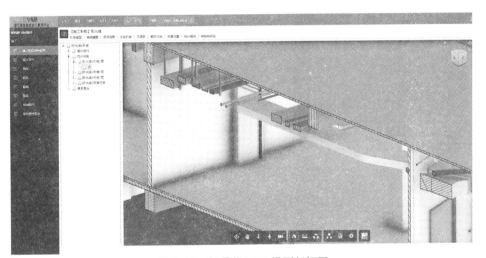

图 8-18 轻量化 BIM 模型剖切图

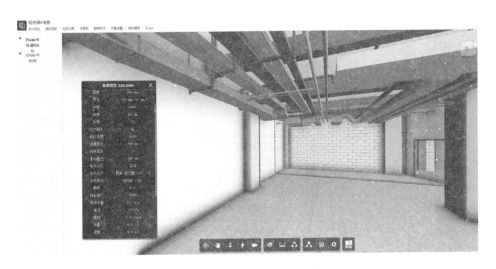

图 8-19 模型中构建的属性

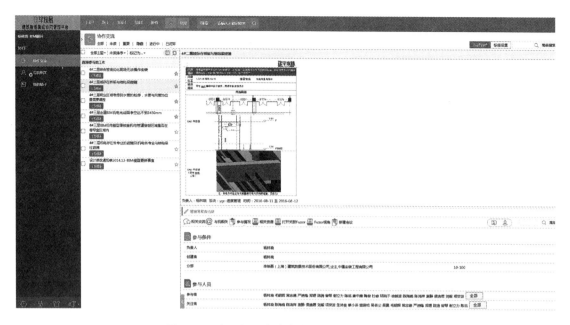

图 8-20　专业问题各参与方共同在线协作交流

图 8-21　项目资料在线集中管理

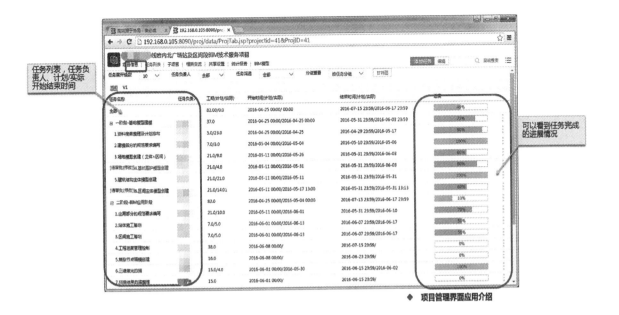

任务列表，任务负责人，计划/实际开始结束时间

可以看到任务完成的进展情况

◆ 项目管理界面应用介绍

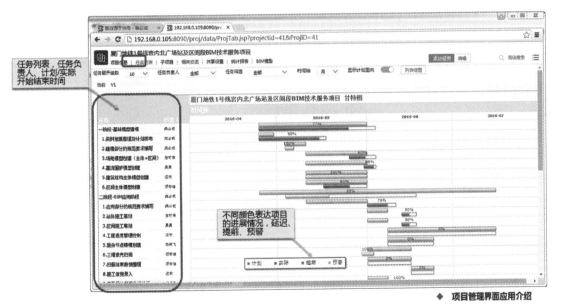

任务列表，任务负责人，计划/实际开始结束时间

不同颜色表达项目的进展情况，延迟、提前、预警

◆ 项目管理界面应用介绍

图 8-22　项目进度管理(计划、实际多维度进度计划对比)

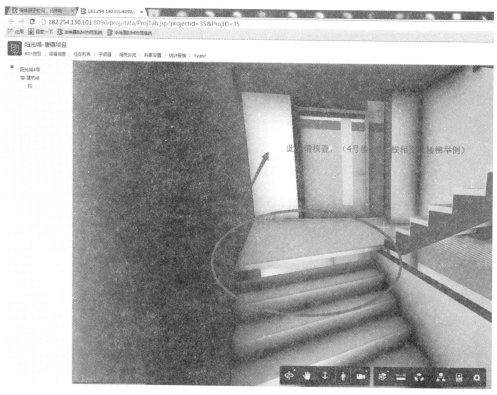

图 8-23　基于平台轻量化 **BIM** 模型进行碰撞等问题核查交流、发起协作

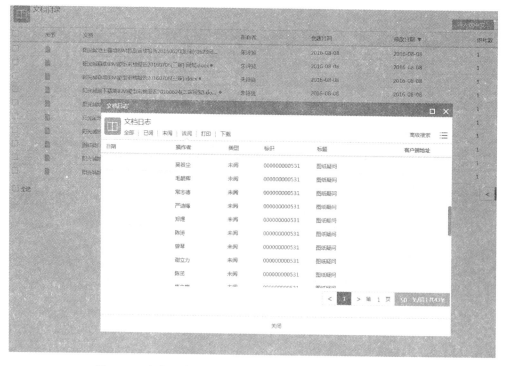

图 8-24　各专业资料文档相关人浏览状态记录，避免后期纠纷

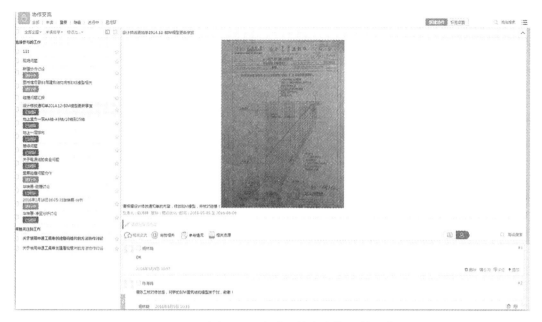

图 8-25　设计变更及工程联系单在线管理、协同沟通

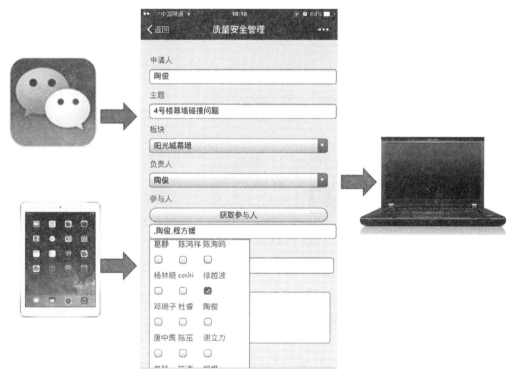

图 8-26　内嵌与微信端的移动质量管理(可以实现随时拍照发起协作至 PC 端)

8.2.4 门窗节点复核校验、构件标准化

门窗节点复核校验、构件标准化如图 8-27、图 8-28 所示。

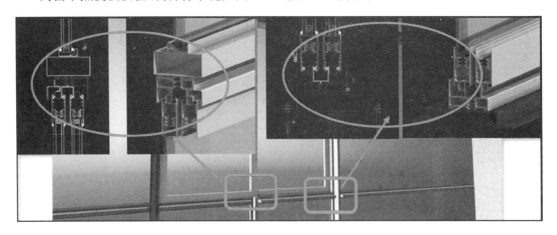

图 8-27 门窗标准件

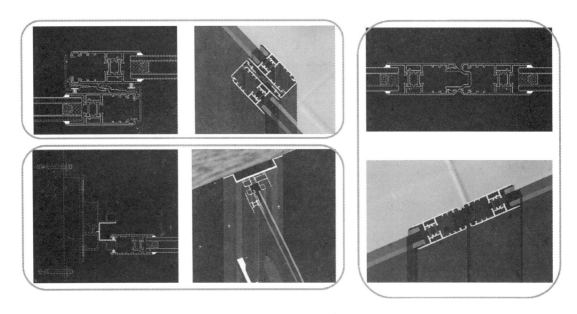

图 8-28 门窗节点精细化处理屋面专项方案优化

8.2.5 屋面专项方案优化

此项目屋面机电排布复杂,既要配合幕墙及百叶方案,满足常规设计功能性要求,又要满足美观、降噪等需求,因此针对 4 号楼屋面进行了专项 BIM 方案论证,主要内容如图 8-29—图 8-32 所示。

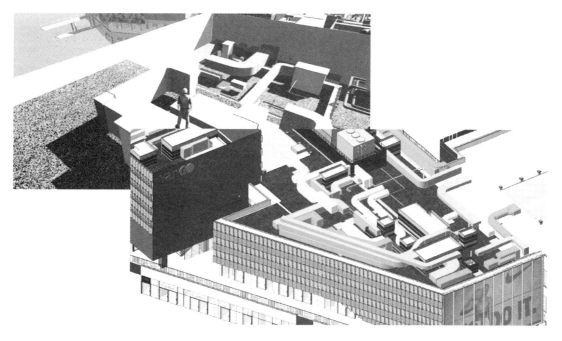

图 8-29　屋面管线综合路由排布

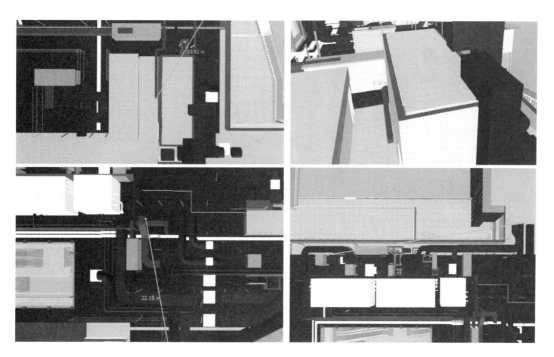

图 8-30　新风与排烟口部净距复核

图 8-31 屋面百叶方案决策分析

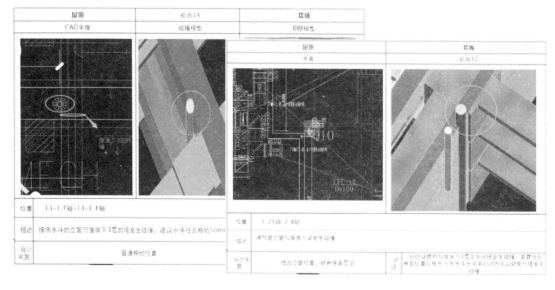

图 8-32 虹吸预留洞口位置复核

8.2.6 外立面方案选定及碰撞分析

通过在 BIM 软件内搭建外幕墙立面展示,帮助业主对外立面方案进行决策辅助,同时可以将外立面的问题提前暴露,挽回业主后期潜在的风险(图 8-33、图 8-34)。

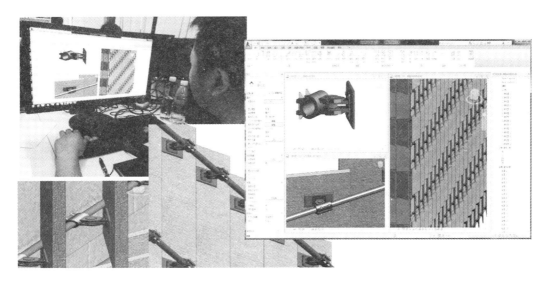

图 8-33 外立面节点绘制

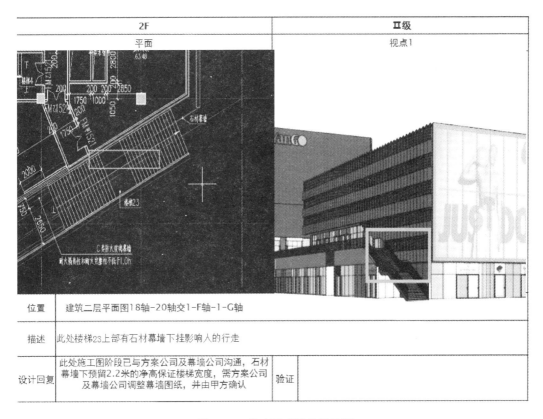

2F		Ⅱ级
平面		视点1
位置	建筑二层平面图18轴-20轴交1-F轴-1-G轴	
描述	此处楼梯23上部有石材幕墙下挂影响人的行走	
设计回复	此处施工图阶段已与方案公司及幕墙公司沟通，石材幕墙下预留2.2米的净高保证楼梯宽度，需方案公司及幕墙公司调整幕墙图纸，并由甲方确认	验证

图 8-34 外立面碰撞分析检测

8.2.7 周报记录、阶段成果提交

周报及季度汇报成果的提交，可以让业主全面把控项目进展，并对 BIM 的实施做总体

规划;同时闭环的报告工作流使业主准确快速了解成果的解决流程(图 8-35)。

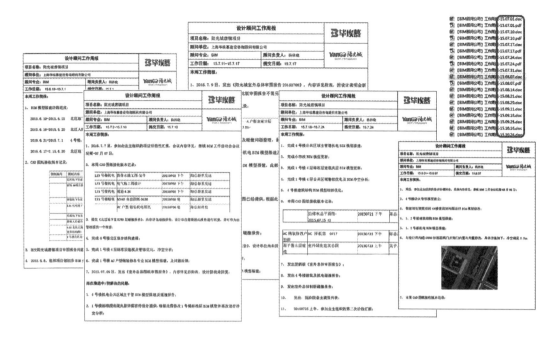

图 8-35 周报记录

8.2.8 标准层净高优化及方案排布

本项目标准层走道上部空间设计做住户的储藏室空间用,因此如何在现有的空间下,尽可能提升吊顶的高度,从而提升走道整体的空间感,是标准层走道机电管道排布的一个重要任务,本项目通过 BIM 的可视化方案优化,多次与设计院对接,最终满足了业主对净高的要求(图 8-36)。

图 8-36 标准层走道净高测算

8.2.9 样板间工序指导模拟

针对酒店系统不同的户型,定制不同的精装样板间,并且结构工序先后进行工序模拟,形象指导施工,为标准件预制加工与大面积施工做好了样板基础,同样对样板间进行精装建模,还可以发现 CAD 二维图纸上所不能提现出来的空间问题,帮助优化精装方案(图8-37—图 8-39)。

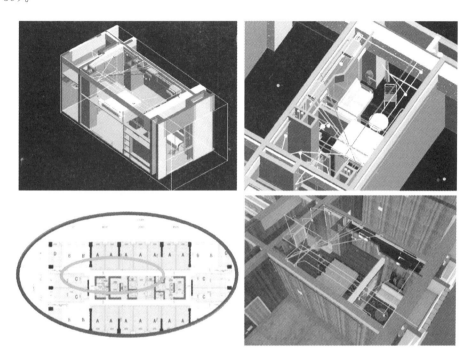

图 8-37 标准户型 BIM 模拟

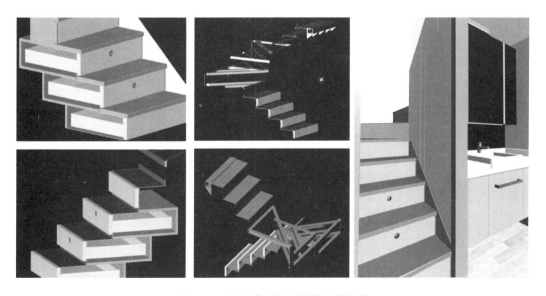

图 8-38 标准户型隔层楼梯细部构造

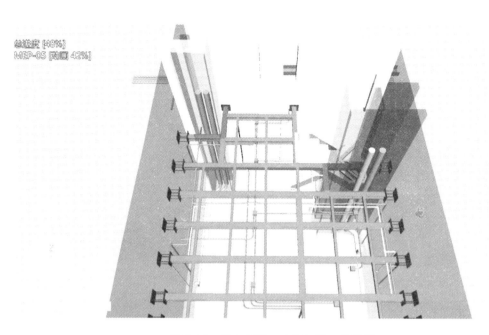

图 8-39　机电管道工字钢打孔工艺模拟

8.2.10　移动端 BIM 定制应用

为了更方便到现场指导施工,对现场的机电排布方案进行过程监控,本项目采用了 BIM 移动端平台应用(图 8-40)。

图 8-40　移动端应用

8.2.11 施工深化 BIM 模型审查及分包 BIM 模型整合

本项目在施工阶段,由机电总包单位在第一轮施工图管综优化 BIM 模型的基础上,进行二次 BIM 模型深化,我方负责过程审核,把控深化方案,保障业主权益,确保 BIM 模型和施工现场的一致性并审核各专业碰撞问题,进一步优化施工图纸,定期与总包及分包进行信息沟通,确保 BIM 施工团队的模型信息准确性以及施工总包对现场状况的一致性。并监督施工 BIM 交付施工现场《品质稽核报告》。

B3 层北区问题汇总如图 8-41 所示。

问题 1

问题描述	我司针对 B3 层北区进行整体 BIM 碰撞运行,后发现本区域 BIM 优化后模型仍存在大量碰撞没有优化,其中大部分碰撞如不解决,将直接影响施工方案及现有的净高分析准确性,请务必优化掉此区域内所有碰撞。					
问题位置	B3 层北区		涉及专业	机电各专业及结构		
解决建议	可在 revit 模型中运行碰撞,再逐步解决碰撞点					
问题截图						

碰撞专业及汇总	名称	状态	碰撞	新建	活动	已审阅	已核准	已解决
	机电与结构柱碰撞	完成	42	0	42	0	0	0
	机电与门	完成	18	0	18	0	0	0
	机电与结构墙柱碰撞	完成	30	30	0	0	0	0
	机电与砌体墙碰撞	完成	11	11	0	0	0	0
	管道与桥架碰撞	完成	32	32	0	0	0	0
	管道与管道碰撞	完成	12	12	0	0	0	0
	风管与桥架碰撞	完成	43	43	0	0	0	0
	风管与管道碰撞	完成	19	18	0	0	0	1
	风管与风管碰撞	完成	15	4	0	0	0	11

问题 2

问题描述	经核查,中建安装提供的净空分析图内所标示的标高, 与 BIM 模型实测出来的标高,存在标高数值差异,请贵司务必核查 BIM 模型及净空分析的数据一致性,以保证提供的净空数据的精准性,例如此走道。		
问题位置	2-1/2-2 轴与 2-F/2-K	涉及专业	机电专业
解决建议	重新进行此区域方案排布		
问题截图			

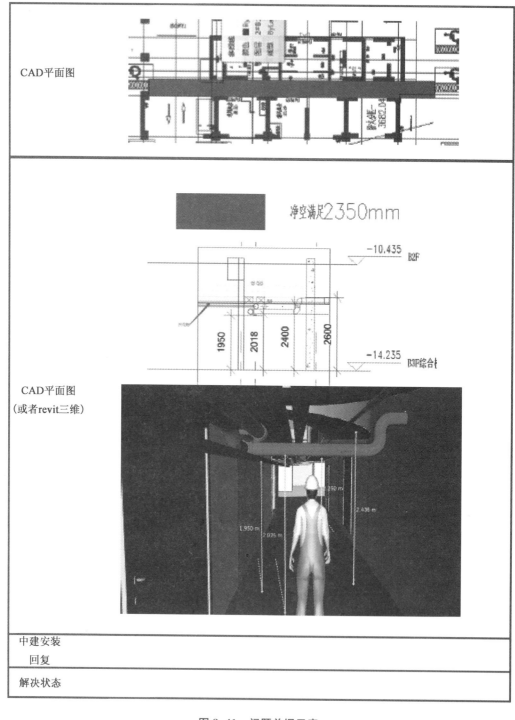

图 8-41　问题单据示意

8.3 案例三:上海轨交地铁站

8.3.1 项目概况

上海轨道交通建设项目工期紧、涉及的工艺比较复杂。为更好地开展该工程项目的管理,达到项目设定的安全、质量、工期、投资等各项管理目标,上海轨道交通各条线的发展有限公司决定在项目的规划阶段、设计阶段、施工阶段、竣工运维阶段、全面推行 BIM 技术。通过使用 3D 建模、管线碰撞、功能化分析等 BIM 技术的应用,以数字化、信息化和可视化的方式,实现项目建设水平的提升。

项目从设计到运维,全阶段试点使用 BIM 技术。对上海轨道交通推广、落实 BIM 技术具有重要意义。

8.3.2 BIM 技术应用点介绍

针对上海地铁各线各站点的需求,BIM 咨询顾问定制了以全过程应用为目标的应用计划,从项目规划阶段入手,由最基本的地形模型开始做 BIM 技术服务。经过设计阶段、施工图阶段、施工阶段不断的深化,模型在不同阶段发挥不同的功能作用,协助业主、设计、施工方进行各阶段的辅助应用,最终将模型交付运营单位进行运维阶段的应用。

1) 规划阶段

规划阶段的工作难点主要在于待建建筑征地范围的确定,施工用地范围的确定。确定这些内容,需要考虑施工对周边已有建筑的影响,对业主生产、居民生活的影响以及施工用地范围内的环境影响,如地下管道的搬迁、道路交通组织更改和高压线影响范围等。这些因素必须要经过各种图纸资料的参考、实地勘测和考察,以及与其他业主方交涉后方可确定方案。而目前,还没有比较便捷的方法将这些信息整合在一起,帮助业主和设计能高效直观研究这些因素信息,做出方案决策。而 BIM 技术中的场地仿真模拟在这一阶段的应用,就能很好地解决这个问题。

场地仿真建模是依据设计院提供的场地图纸、实景点云扫描模型,再利用 Revit 软件进行建模配合,真实反映待建项目现阶段,施工阶段,竣工后的场地、道路、绿化、河道等不同阶段的场地状态,及时发现问题,对施工筹划、主体结构方案进行调整修改。

上海 15 号线铜川路站案例

铜川路站计划建设在铜川路与大渡河路交叉地,与 14 号线相交错形成换乘站。该站地理位置十分复杂,用地范围有限。因此,需要考虑将来建设过程中,不影响周边住宅、商业、学校、政府办公楼等设施的使用,不影响交通线路的流通。此外,本项目施工用地的正上方有一处高压线塔沿大渡河路经过,建设过程中高压线塔是否需要进行迁地,对施工可能造成的影响,都需要做精确的测量后进行分析。

针对上述情况,BIM 咨询顾问利用场地仿真技术,将待建场地、建筑、高压线和地下管线、地下障碍物都反映在模型中,可以在模型上精确测量各种尺寸,以便对规划方案进行分析。

对于高压线的影响,BIM 咨询顾问采用
点云实景扫描技术,真实反映出高压线实际
模型,再与场地模型结合,就可以真实反映出
各个位置的尺寸高度等信息,有了这些真实
数据,业主和设计单位利用模型开会讨论方
案,提前发现和避免了各种隐患,确定了待建
站体的位置(图 8-42)。

(a) 现场激光扫描

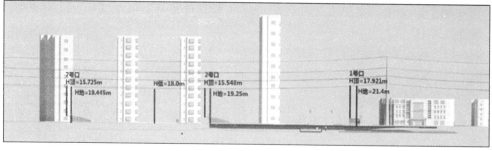

(b) 实景点云扫描模型

图 8-42　现场激光和点云扫描示意

2) 设计阶段

设计阶段通过论证项目的技术可行性和经济合理性,对方案进行深化。主要包括:拟定
设计原则和标准、设计方案和重大技术问题,考虑和研究建筑结构、水暖电、装修、导向等各
专业设计方案。协调各专业设计技术矛盾并确定合理技术经济指标。

在此阶段,业主会对项目的关键部位(外观、建设内容占总体造价比例较高的部分等)需要进行方案比选:美观,且满足各类规范要求。通过前期场地、结构等模型的积累,再次将模型进行细部完善,结合场地实景模型达到方案比选的效果。

上海 10 号线高架区间段案例

该区间段的声屏障部分,业主提出采用弯曲式声屏障和直立式声屏障进行比选。通过前期模型的积累,将方案表达在模型上细化模型后,既满足了外观展现效果,还能对相关尺寸进行测量。通过多角度查看以及对尺寸测量后发现,弯曲式正屏障对行车安全会有一定的影响,且站在路面角度观察,高架区间上的声屏障并没有很明显的美观效果。因此,决定采用直立式声屏障的方案(图 8-43)。

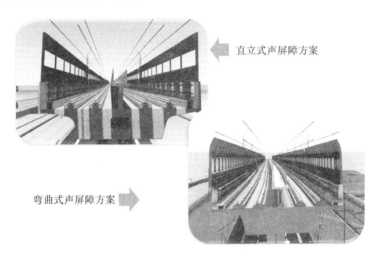

图 8-43　声屏障方案对比

栏板外侧的线条造型:采用 3 条外凸线条或 3 条内凹线条。从路面角度观察栏板线条,发现两种方案几乎看不出差别。设计师试着将线条宽度加宽再进行比选,效果也不理想。最终决定直接做两条大线条进行装饰(图 8-44、图 8-45)。

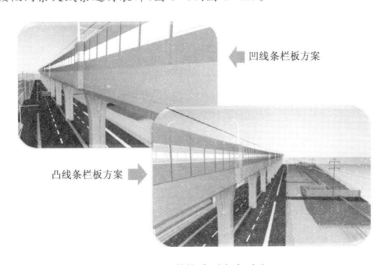

图 8-44　装饰造型方案对比

图 8-45　定稿方案

3）施工图设计阶段

管综碰撞应用是 BIM 技术当中最成熟、最有价值的应用之一。地铁站在设计初期由于时间紧，设计各专业之间的沟通检查工作十分有限。通过建筑信息模型，将各专业设计进行整合，先后发现了 531 处碰撞。经过分级调整，将一些简易错误（笔误，管线微调等）排除后，确定了 57 处需要各专业设计人员一起沟通、协调才能处理的碰撞点。最终在出图招标之前，基本解决了碰撞问题，保证施工阶段管综的顺利施工（图 8-46）。

通过建筑信息模型本身带有的构件基本参数信息，如体积、面积、长度等。可以

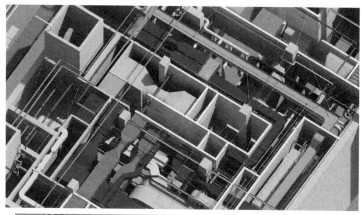

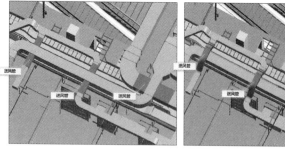

图 8-46　管综模型

提取出相应的工程量数据，也可以用来校核工程量或者其他成本控制的工作。模型创建完成后，通过不断添加各种信息，可以达到多维度的信息筛选，统计工程量。如按照施工时间、按照班组分类、按照材料名称等来统计工程量（图 8-47）。

通过工程量统计，如曹路站、碧云路站钢筋含量过高（2.3 t/m³ 其他站地墙钢筋含量约为 0.19 t/m³）。利用精确的工程量数据，通过与业主和设计师的沟通，优化钢筋配筋，节约成本。

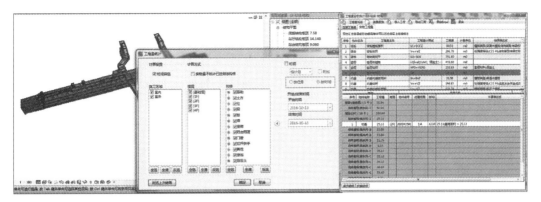

（a）根据时间、构件类型、楼层统计工程数据

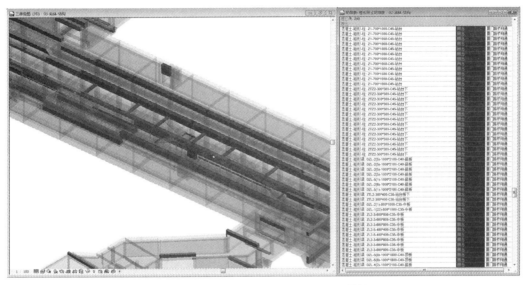

（b）根据班组信息统计工作范围及工程量数据

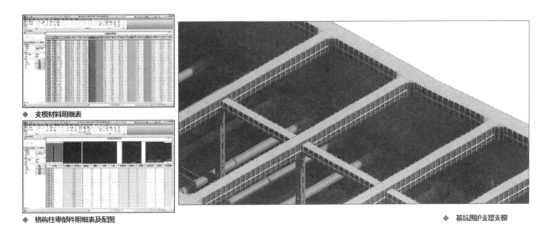

（c）根据模型模块统计明细数量

图 8-47 根据模型模块提取相应工程量信息示意

4）施工阶段

施工阶段主要处理施工进度的把控、施工质量的把控以及各种专项技术方案的可行性定夺等。通过利用 BIM 技术来展示和表达施工进展情况，抽取模型中对应的工程量数据，甚至直接挂接各种资料，对于业主方掌握施工实际情况有很大的帮助。而模型还能进行各种施工方案的模拟，对于各种专项方案的形象化表达，也有一定的价值。

上海地铁 14 号线金港路站案例

我们采用 Navisworks 软件对施工进度跟踪记录，通过对软件中各种颜色设置规范化，形成统一的进度记录要求（图 8-48）。

通过每周计划进度与实际进度的对比，反应实际进度情况。项目各方都能直观了解整个项目目前的进度情况，并结合建筑信息模型对问题进行讨论和决策（图 8-49）。

名称	颜色	透明度
灰色		0
红色		0
绿色		0
绿色(90%透明)		90
黄色		0
黄色(90%透明)		90
灰色(90%透明)		90

已完成地墙：灰色 90%透明度
已完成支撑：灰色
本周新建：绿色
本周新挖土：绿色 90%透明度
本周未完成：红色
下周计划建：黄色
下周计划挖土：黄色 90%透明度

图 8-48　颜色设置说明

■ 本周完成情况

工作班组	实际提交描述
班组1	本周省内北广场站2号出入口侧墙
班组2	本周省内北广场站3号风亭底板
班组3	本周省内北广场站4号出入口基坑土石方开挖
班组4	本周省内北广场站拆除钢筋砼

■ 下周工作计划

工作班组	实际提交描述
班组1	下周省内北广场站3号出入口底板
班组2	下周省内北广场站台板、站台板下支承墙
班组3	下周省内北广场站4号出入口钢支撑及喷射混凝土

图 8-49　进度计划对比示意

上海10号线高架区间专项施工方案模拟案例

10号线高桥站到港城路站中间的高架区间有一小段要与现有的6号线高架区间横穿，新建的10号线部分在6号线上方。为了保证6号线在10号线施工期间仍能正常运营，提出利用晚上6号线停运期间对10号线区间施工段进行施工作业，但发现还是有很多影响因素不可控。最终决定在利用加工棚保护的作业方法下，既保证6号线正常运营，又不影响10号线的施工。因此项目公司决定该项施工方案要用BIM技术详细模拟施工的细节，确保方案的安全性和可行性。

通过多轮的模拟和多次讨论，最终决定切掉6号线与10号线覆盖范围内的4根接触网的弯头，保证施工净高满足，然后采用从东侧吊装预制块的形式完成10号线该段区间的施工工作（图8-50）。

图8-50 10号线跨6号线专项施工方案模拟

厦门地铁一号线岩内北广场站临时照明模拟案例

厦门岩内北广场站由于站体较长，内部照明布置排线工作量较大。为保证照明效果满足施工需要，避免前期布置不足后期不方便修改，因此利用BIM技术进行了照明模拟，通过调节灯光照度和布置间距等方法，找到一套最合适的方案，并直接利用BIM模型出图指导施工，如图8-51、图8-52所示。

图 8-51　室内临时照明方案模拟

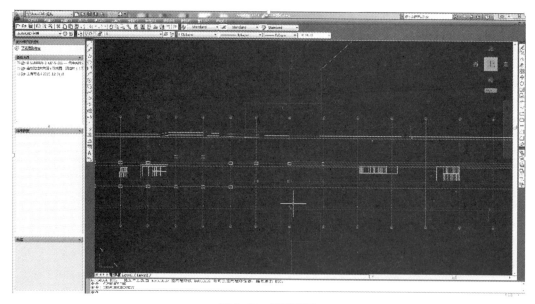

图 8-52　模型出图

厦门地铁岩内北广场站施工质量安全问题管理案例

利用基于 BIM 模型的协同管理平台 BDIP 系统,可以帮助现场管理人员随时管理协调现场安全质量问题,如发现墙面施工完毕后出现渗水,需要工人立刻进行修补处理,过去可能需要打电话或者回办公室找人处理,且事后项目经理可能都不知道发生过这件事。现在有了平台协助管理,就可以直接利用手机微信端,拍照并填写现场情况(简单的内容),像点菜单一样直接勾选,就可以发起协作,并且反馈信息和完成的时间都可以形成历史记录,方便管理者,即使不在现场也能掌握现场发现的问题,如图 8-53、图 8-54 所示。

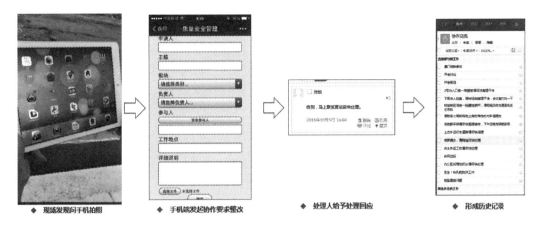

图 8-53　现场施工问题协作流程

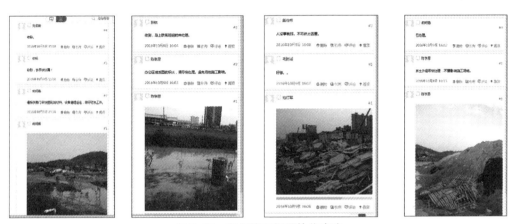

图 8-54　现场施工问题协作内容

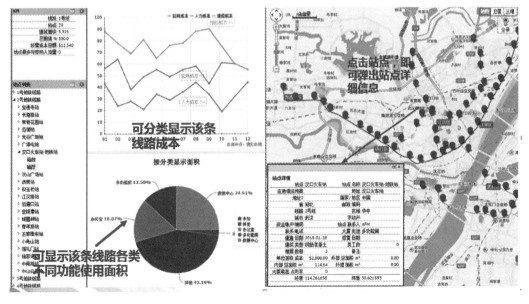

（a）GIS 地图显示

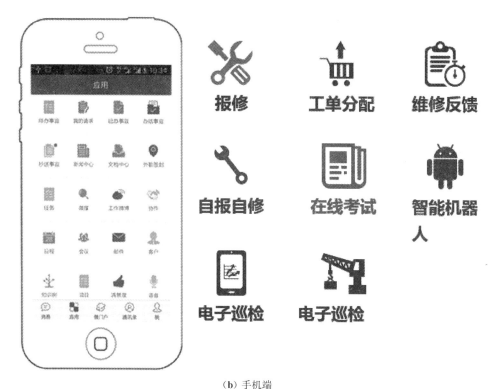

（b）手机端

图 8-55　运维平台的地图、手机端示意图

5）运维阶段

运维阶段承担项目的运营与维护，其目的是为业主（包括管理人员与使用人员）提供安全、便捷、环保、健康的建筑环境。主要工作内容包括设施设备维护与管理、物业管理以及相关的公共服务等。

运维平台集成了地图、远程控制、3D 现实、物业报修、移动端办公等更多与 BIM 基数相结合的功能（图 8-55）。

8.3.3　结语

以上海轨道交通为例，介绍 BIM 技术在轨道交通建设的全生命周期内，各个阶段（规划阶段、设计阶段、施工图设计阶段、施工阶段、运维阶段）的运用：

（1）规划阶段：利用云扫描技术，建立项目周边的信息模型，进行可视化对比、分析。

（2）设计阶段：利用建筑信息模型，实现协同设计，对不同方案进行可视化对比、分析。

（3）设计图阶段：利用建筑信息模型，进行碰撞检查，提升设计质量；利用模型信息，统计工程量。

（4）施工阶段：利用建筑信息模型，实现对项目的进度管理、质量管理、沟通管理等以及对专项施工方案进行模拟、分析等。

（5）运维阶段：利用建筑信息模型，进行轻量化处理后，实现对项目信息显示、资产管理、物业报修、员工排班等功能。

8.4 案例四:上海虹桥枢纽商务核心区丽宝项目

8.4.1 项目概况

近年来,BIM(建筑信息模型)技术应用越来越受到国内外建筑设计企业、施工企业、科研机构和政府等部门的关注,各大知名软件厂商也纷纷推出 BIM 系列软件。在发达国家,以 Autodesk Revit 为代表的三维建筑信息模型(BIM)软件已逐步开始普及应用。BIM 技术已经广泛用于各类型房地产开发,将引领建筑信息技术走向更高层次,被认为将为建筑业的科技进步产生无可估量的影响,大大提高建筑工程的集体化程度。

现代建筑空间日趋复杂,功能要求和施工工艺难度不断提升,如何按照施工图纸进行准确施工以及如何控制项目的施工进度、工程质量一直是我们施工单位要克服的困难和挑战。协调设备管道之间以及管道与建筑、结构之间的排布,一直困扰着我们和设计单位。传统叠放图纸检测碰撞的方法投入极大,又容易存在疏漏。随着建筑信息化模型(Building Information Modeling,BIM)技术的发展,这一过程可以依靠计算机程序完成。首先利用 BIM 设计平台分别构建建筑、结构、暖通、给排水和电气专业的信息化模型,然后将各专业模型整合到一起构成完整的建筑模型,再将整体模型导入计算机分析工具中检测碰撞冲突的类型及位置并生成报告。这种方法可以在设计阶段高效地协调设备管线,极大地降低在施工过程中因设计不当造成返工的可能性。

上海虹桥丽宝广场新建工程位于上海市虹桥枢纽商务核心区 01 地块北侧 D04、D05,该项目占地面积 45 282.10 m²,建设面积 239 984.45 m²,地下建筑面积 112 137.98 m²,地上建筑面积 127 846.47 m²,总共由五幢商务楼,三层地下室组成。

丽宝项目主体为混凝土框架结构,室内设计地坪标高±0.000 相当于绝对标高+5.15 m(吴淞高程系统);场地的设计标高 5.00 m,建筑室内外高差 0.15 m。虹桥丽宝广场项目建成后效果图如图 8-56 所示。

图 8-56 效果图和 BIM 模型图

施工环境复杂,可利用施工场地狭小,紧邻地铁。对于施工场地布置、不同时期的变换、材料及人员安排、项目周边设置等要求进行科学管理。并且施工工期紧,要求施工方案及流水施工安排时间合理并紧凑,同时需要考虑下雨、低温、城市临时事件等因素的影响。

五幢商务楼形状极不规律,还有三层地下室的图纸复杂,工程体量也比较大。建筑、结构、机电等专业之间的人员沟通、构件碰撞与冲突较多,机电管线极其复杂,专业协调和施工难度大。涉及专业多,加之设计变更、签证、修改工程量大,成本控制并不容易。该项目为国家省市级重点项目,要求以绿色生态规划概念为主轴,创造新形态低碳环保复合式绿色商务休闲园区,设计施工过程需要达到相应的规范标准。

如何把无序的复杂工程项目变成项目有序管理,项目业主方高瞻远瞩地想到了 BIM 技术,并在项目建设过程中得到了全方位的应用。

8.4.2 BIM 的具体应用

首先建立了 BIM 技术实施策略,如图 8-57 所示。

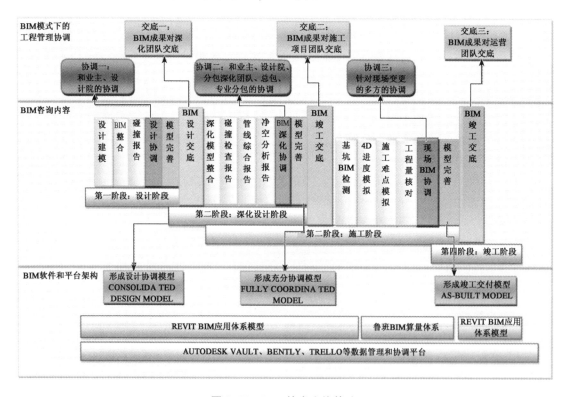

图 8-57 BIM 技术实施策略

设计审核辅助:在设计图纸审核阶段,通过模型建立,碰撞检查,模型分析等辅助图纸审核高效正确完成。

施工组织方案模拟:应用 BIM 技术进行施工模拟,对施工组织方案进行指导,通过工期、工程算量等数据进行方案对比,以提供最科学的施工组织方案。

实现多方协同管理:没有 BIM 技术的支持,各专业只有通过频繁的开会、记录、讨论进行问题、数据分享和处理;应用 BIM 模型,将各方数据及时上传相应管理区域,达到数据信息及时共享和传达,提高沟通协调效率。

碰撞检查,控制工期和成本:在工程施工之前,按照图纸将模型建立进行碰撞检查,将发现的问题及时反馈设计与施工方并做出修改,减少扯皮返工,控制相应成本,保证工期。

实际工程量统计:BIM团队根据已完成的模型,对所有各层及部位进行相应材料工程算量统计,并向项目合约部门提交工程算量成果,合约部门进行成果对比和纠正,从而对部门计算出来的数据进行拟合修改。

1) 设计过程 BIM 的应用

在设计阶段,通过 BIM 的可视化、协调、模拟与优化等应用。将二维图形转为三维模型,能自动生成各种图形和文档,可清楚表达设计师的设计创意。各专业可从信息模型平台中获取所需的设计参数和相关信息,不需要重复录入数据。某个专业设计的对象被修改,其他专业设计中的该对象会随之更新,便于不同专业间的沟通和交流。建立好三维模型可通过三维模拟预先建造实现设计碰撞检测、能耗分析、成本预测等。在初步设计完成后可通过优化实现对图形的检测,尽量减少错误,保障施工的正确性。

设计院根据 BIM 做出的各类问题报告,立即进行图纸变更,通过对施工图纸进行二次甚至多次修改,直至符合建筑规范和施工要求为止,避免了施工图中大量错、漏、碰、缺情况发生,极大地提高了设计与施工图的质量(图 8-58—图 8-61)。

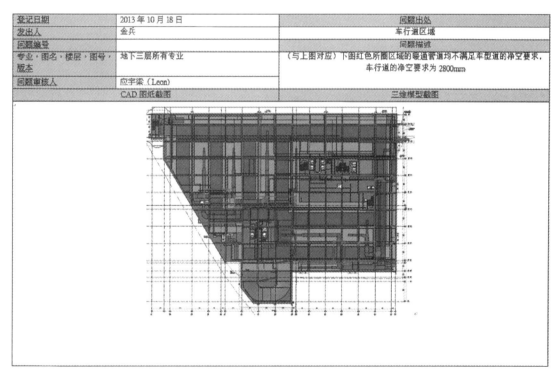

登记日期	2013 年 10 月 18 日	问题出处	
发出人	金兵	车行道区域	
问题编号		问题描述	
专业,图名,楼层,图号,版本	地下三层所有专业	(与上图对应)下图红色所圈区域的暖通管道均不满足车型道的净空要求,车行道的净空要求为 2800mm	
问题审核人	应宇梁（Leon）		
CAD 图纸截图		三维模型截图	

图 8-58 图纸问题报告

2) 施工过程 BIM 的应用

在施工阶段,BIM 团队充分利用 BIM 模型进行协调管理,很好地服务技术部门、合约部门、工程部门。如图纸技术核查、BIM 预检问题、进度模拟展示、关键部位施工模拟、施工例会配合、施工工法模拟、施工现场质量、安全、进度资料管理等。由原先的现场施工蓝图技术

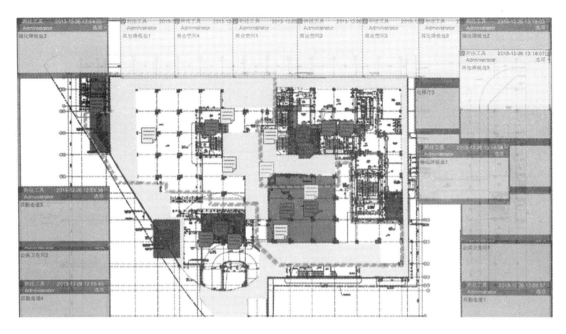

图 8-59　净空划分区域

部位：其他降板处5	轴号：N-5，N-H	计划净高：3100（+150）
实际净高：2970		

问题描述：图中标记处排风管的顶部标高已经碰到梁底，底部无法达到计划净高，只能到2970，达不到3100（+150）

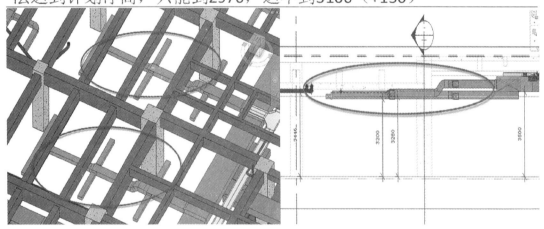

图 8-60　BIM 净空问题报告

交底改为三维动态 BIM 模型演示，受到施工现场一线员工欢迎（图 8-62、图 8-63）。

　　3）BIM 竣工交付阶段

　　在竣工交付阶段，输入需要进行 BIM 运营的信息数据，配合交钥匙的文档交付，形成可

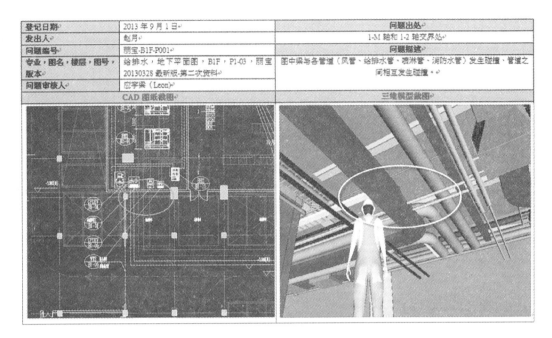

登记日期	2013 年 9 月 1 日	问题出处	
发出人	赵月	1-M 轴和 1-2 轴交界处	
问题编号	丽宝-B1F-P001	问题描述	
专业，图名，楼层，图号，版本	给排水，地下平面图，B1F，P1-03，丽宝 20130328 最新版-第二次资料	图中梁与各管道（风管、给排水管、喷淋管、消防水管）发生碰撞、管道之间相互发生碰撞	
问题审核人	应宇梁（Leon）		
CAD 图纸截图		三维模型截图	

图 8-61 管线综合碰撞报告及优化方案

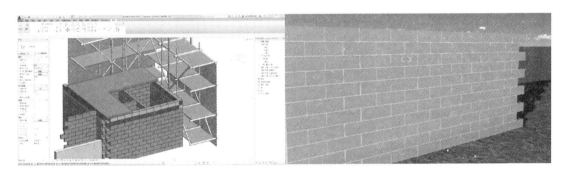

图 8-62 砌体施工工法模拟

图 8-63 施工进度模拟

以交付给业主方的 BIM 模型（图 8-64）。

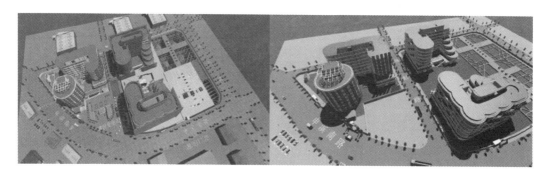

图 8-64　交付的模型

4）成效分析

一个项目的质量、进度和成本的控制始终是我们所面临的三大难题。我们之所以要大力运用 BIM 技术，目的就是为了省钱、省力、省心。而通过 BIM 技术恰恰能够解决这三大难题。

（1）管线综合碰撞检测、调整以及解决方案——（加快进度）

首先，BIM 团队运用 BIM 相关软件（Revit，Navisworks 等）进行管综碰撞检测，对发生管线碰撞的区域进行避让调整并向提供碰撞报告，根据设计院给出的最新图纸，再次对管线进行排布和管线避让。该问题报告用以和设计单位进行技术交流、反馈，设计师明白其设计的图纸中存在一些严重发生碰撞或不合理的地方，从而让设计单位重新修改 CAD 施工图纸，便可以按照设计单位所给的最新图纸进行施工。通过管线综合碰撞分析，能够发现施工图中哪些区域的机电管线发生碰撞，或者排布不符合规范，设计院以此为依据进行图纸变更，从而解决了施工图纸中管线排布的不合理性，同时在设计阶段能够高效地协调设备管线，极大地降低施工过程中因设计不当造成返工的可能性。

（2）净空问题报告、检讨以及解决方案——（提高质量）

根据业主和设计院所提供的净空要求和规范，BIM 团队对已完成的模型进行净空调整，对不满足净空要求的区域提出问题报告，然后通过与施工方、设计院进行协调沟通后，设计院提出最新的图纸变更，最后对模型进行二次甚至多次修改，直至符合建筑规范和施工要求为止。

由于净空问题可以通过建筑信息模型直观地、详细的显现出来，从而可以充分避免传统二维设计中不同专业的设计师间信息传递的缺失与误解，因此在设计中解决了许多以前只有在工地施工中才能碰到的问题，极大地提高了设计与施工的质量。

（3）模型工程算量统计以及对比分析——（控制成本）

BIM 团队根据已完成的土建模型和场地模型，对所有各层，各部位（支撑→地下部分→地上部分→场地）进行混凝土方量以及支模面积的工程算量统计，并向项目合约部门提交工程算量成果，合约部门再以此进行数据对比和分析，从而对部门计算出来的数据进行拟合修改。

通过以上对 BIM 模型进行管综碰撞分析、净空问题分析和模型工程算量统计分析，让 BIM 技术对虹桥丽宝项目的质量、进度和成本控制得到有力的支持。

5）亮点分析

（1）钢筋下料加工管理。从传统预算钢筋量（手算）到 BIM 鲁班软件预算，一直到最后现场下料量，通过应用 BIM 软件，统计与跟踪钢筋的下料加工，对钢筋进场工程量与管理起到了较好的效果(图 8-65)。

图 8-65 跟踪钢筋下料

(2)移动端质量监控。Autodesk BIM 360 Glue 是一款基于云计算的建筑信息模型 (BIM)软件(图 8-66)。通过使用 Autodesk BIM 360 Glue 软件,各参与方都可以通过桌面 终端、移动设备和网络界面查看项目信息,开展模型调整和冲突检测,从而使 BIM 技术贯穿 从设计到施工的整个流程,它强化了基于云计算的协作和移动接入,有助于确保整个项目团 队参与协调过程,缩短协调周期,为团队成员提供了可以随时随地查看设计文件的工具。除 此之外,项目设计和建造相关的所有团队还能更方便地查看最新项目模型并实时进行冲突 检测,节省项目设计和建设项目所需的时间和资金。

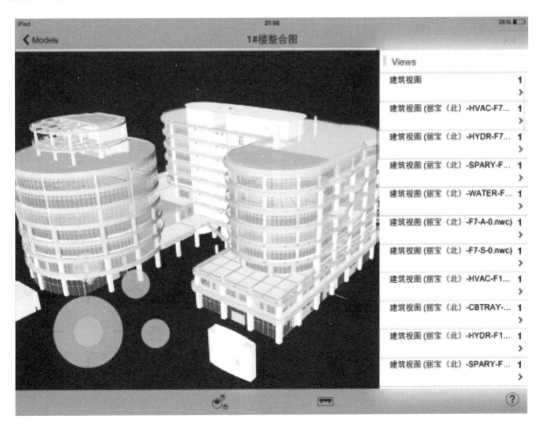

图 8-66 Autodesk BIM 360 Glue 界面

（3）临边安全措施。临边一般有：①沟、坑、槽和深基础周边；②楼层周边；③楼梯侧边；④平台或阳台边；⑤屋面周边。我们通过创建防护栏或防护架等安全技术措施模型（图8-67），如实反映现场场地临边措施的布置，有利于加强安全管理。

图 8-67 临边安全措施模型

（4）植生墙排布规划。植生墙，是指充分利用不同的立地条件，选择攀援植物及其他植物栽植并依附或者铺贴于各种构筑物及其他空间结构上的绿化方式。起初，项目中植生墙的排布有多套方案，业主和设计院也未确定哪种方案最适合外墙整体规划，通过 BIM 团队对多套植生墙方案进行建模和分析意见（图8-68），业主和设计师可以很直观地去观察和决策。

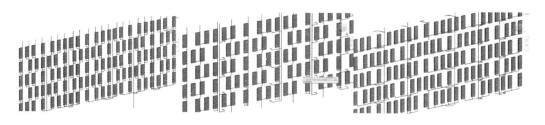

图 8-68 三种植生墙排布方案

（5）集成于 BIM 系统的基坑监测系统。该项目基坑深，范围大，基坑安全监测的测点多，包括水平位移、竖直位移、支撑内力、地下水位等测点类型。传统基坑监测系统基于二维界面，预警报警显示功能差不直观。在丽宝项目把 BIM 模型和监测系统集成后，测点数据每隔 10 s 传输到 BIM 系统，BIM 系统自动根据预警的临界值显示红色，监测曲线直接在 BIM 系统中被调用出来，对于现场安全管理起到很大作用（图8-69）。

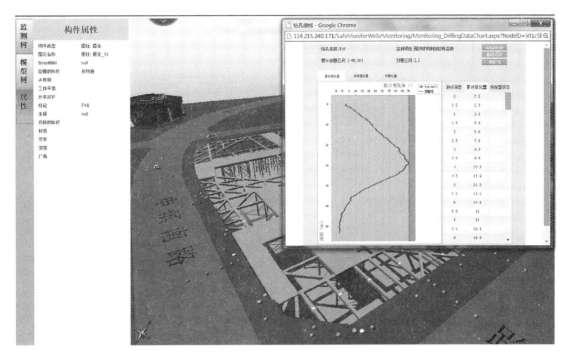

图 8-69 集成于 BIM 平台的基坑监测系统

8.4.3 结语

对于现阶段的建筑行业,无论是地方政府还是行业需求,都要求总包施工单位在招标投标的合同中涵盖 BIM 技术服务支持,以便让 BIM 在一个项目的全生命周期中发挥真正的用处,而且这也必将成为一个趋势。但事实上,真正推动 BIM 技术应用的主要还是业主方,因为业主是 BIM 技术应用实施的最大成果获得者。BIM 不论是从施工图设计、出图还是与工地的配合等对于施工单位都还处于全新的认识阶段,很难有现成的模式供参考,只有不断地创新才能摸索出适合自己的道路。寻找新思路、新方法,取 BIM 之精华不断应用于实际项目中,一定会使我国建设事业更上一层楼。

8.5 案例五:武汉地铁项目

项目效果图如图 8-70 所示。

8.5.1 项目概况

武汉市轨道交通截至 2014 年 5 月已投入运营 1 号线、2 号线和 4 号线一期,共 65 座车站,运营里程 79.85 km。主城区线网规模将达到 333 km,共有 7 条长江通道,其中 6 条位于主城区。汉口火车站地铁站面积约 2.4 万 m²,共有 6 个出口,负责承接和疏散大量人流。

图 8-70　项目效果图

为了提高轨道交通建设管理效率和运营维保水平,业主单位引进 BIM 技术,以实现地铁项目在规划、设计、施工、竣工和运维阶段的全寿命周期信息化管理。通过试点项目验证 BIM 技术的应用价值,并积累团队操作经验,为后续待建项目打下技术基础。

8.5.2　BIM 应用点

1) 碰撞检查与设计优化配合

BIM 的碰撞检查应用主要集中在硬碰撞。通常碰撞问题出现最多的是安装工程中各专业设备管线之间的碰撞、管线与建筑结构部分的碰撞以及建筑结构本身的碰撞。现在通过 BIM 软件内置的逻辑关系可以自动查找出来,在设计阶段就将各类冲突解决掉,避免设计错误传递到施工阶段(图 8-71)。

图 8-71　碰撞检测及设计优化

2) 施工场地虚拟营建

实际施工前,将施工过程和施工产品的详细信息在计算机上的数字化实现。先进的虚拟建造技术具有5维特性:3D信息模型+时间+成本,满足建筑工程企业施工过程精细化管理的要求。虚拟施工技术集成了当今最为先进的计算机图形技术和信息数据技术,是一次对建筑施工企业具有历史意义的技术革命(图8-72)。

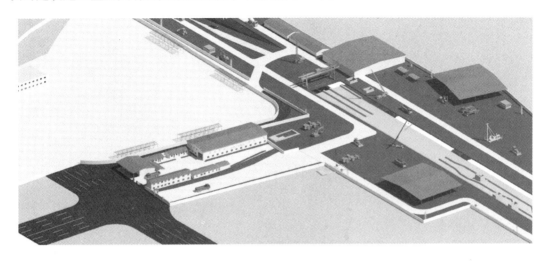

图8-72 施工场地虚拟营建

3) 地铁 BIM 运维管理平台

地铁 BIM 运维管理平台融合设施管理、建筑信息管理、维修维护管理、地理信息管理等四大管理理念,使各部门业务相关联,既保证工作的独立性,也可相互配合,顺利开展交叉工作。使 BIM 运维平台具备在现实管理问题当中的可操作性,更加切合需求。

武汉地铁 BIM 运维平台具有五大功能模块:线路站点管理、设备资产管理、运营维护管理、文档知识管理、票务报表管理。全面涵盖了地铁站点运营的重点工作,将 BIM、FM、O&M、ERP、RFID 等技术相结合,形成一个综合性的管理平台。将 BIM 技术与互联网技术相融合,充分体现互联网+的价值(图8-73)。

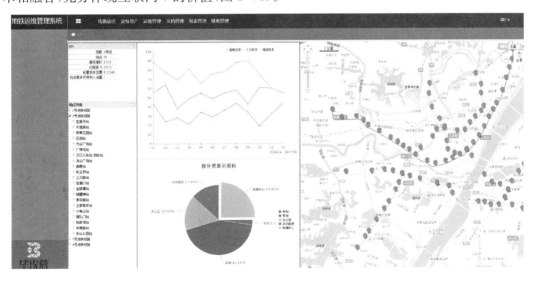

图8-73 武汉地铁 BIM 运维管理平台

8.5.3　BIM 运维管理平台内容

BIM 运维管理平台如图 8-74、图 8-75 所示。

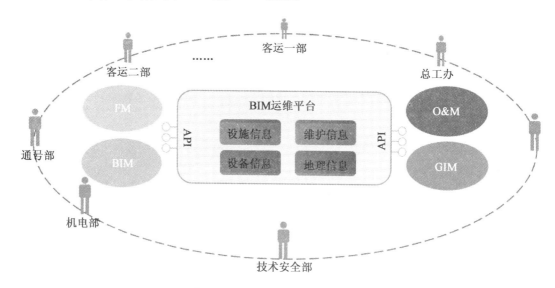

图 8-74　BIM 运维管理平台架构

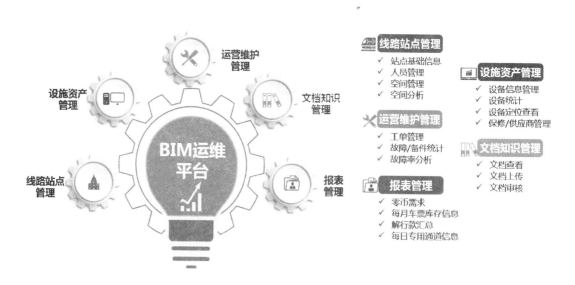

图 8-75　BIM 运维管理平台内容

1）空间管理

通过 GIS 与 BIM 相结合,充分提升空间管理水平,可视化的房间及区域分布图,提供动态的逃生路线以及 360°全景图(图 8-76)。提升空间利用率,减少空间使用费用,通过自动生成空间分配明细,满足特殊统计和报表需求。精确的分配明细,减少分摊空间使用上出现的分歧,为空间规划提供支持(图8-77)。

2) 设备管理

通过 BIM 与设备管理相结合,利用 BIM 可视化的特点,通过三维的场景直观真实的管理设备。提升设备管理水平,做好提前预防,减少设备突发故障,延长使用年限,可视化的管理设备,更加简单与便捷,提高工作效率30%(图8-78)。

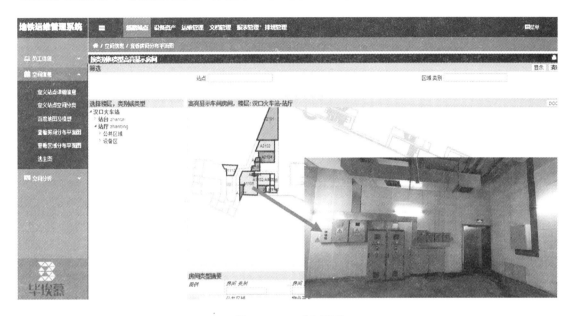

图 8-76   360°全景图

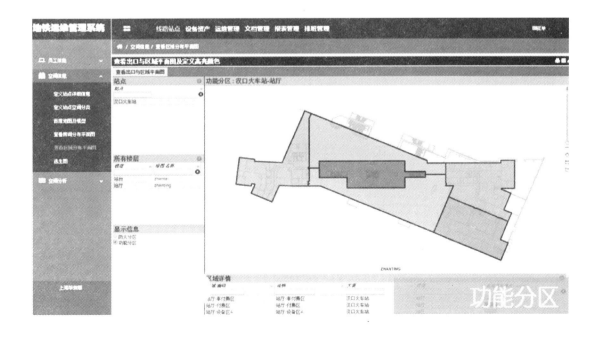

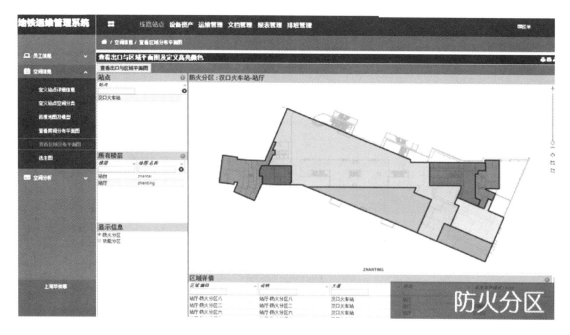

图 8-77 功能分区

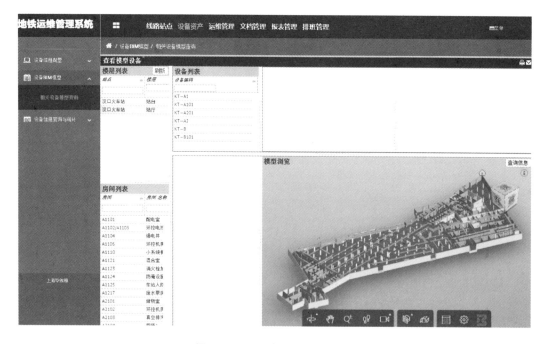

图 8-78 BIM 与设备管理结合

3）维修管理

将维修信息与 BIM 模型相关联，通过移动端快速发起工单，记录跟踪历史维修记录，通过故障数据，制定有效维修检修计划，延长设备生命周期智能化进行故障分类与统计，管理效率提高 30%。通过平台海量运维数据，通过数据分析目前存在的问题和隐患，也可以通过数据优化和完善现行的管理(图 8-79)。

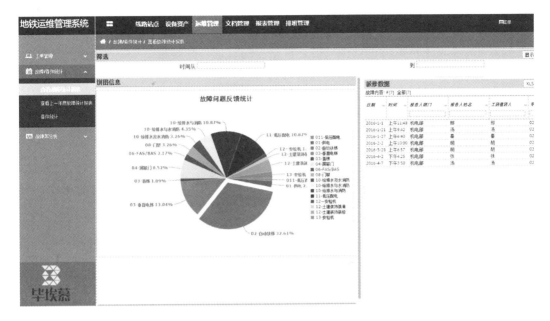

图 8-79 故障统计

4) 移动端应用

无论身在何处,都能够通过 iPad、iPhone、Android 手机、笔记本电脑、手持终端等访问平台。提供流畅的 3D 视图和良好的指尖体验,所有信息均可通过移动端查看(图8-80)。

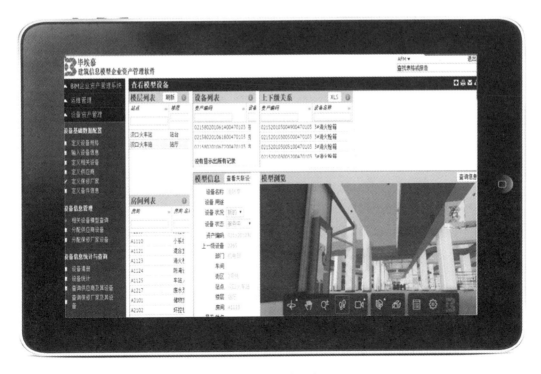

图 8-80 移动端应用

8.5.4 BIM 运维管理平台价值

（1）量化设备资产管理，量化工作流程。将设备资产管理从管理单一设备的原始方式转变成为对各类设施资源、人力资源、信息资源等的管理。同时将工作流程量化，使之可视化、规范化、批量化。

（2）实现资产管理信息化，更有效地配置生产设备、人员及其他资源。将资产管理信息化、数据化，能够通过数据分析，清晰明了地了解资产情况，借此可以高效地安排生产设备，更可以借此总体上了解企业资产使用情况，能够有效避免企业出现大量闲置资产。

（3）借助于系统的帮助，每位维修管理人员可以管理更多的设备。平台提供高效的管理方式，维修人员能够通过平台清晰了解设备情况，包括采购信息、规格数据信息、历史维修数据等信息，借此可以大大提高工作效率，能够轻松管理更多的设备。

（4）促进规程的执行，减少停产时间。通过平台能够有计划地安排设备的各类检修计划，并可以查看历史维修信息，借助对各类信息的分析，可以有计划地安排设备的日常检修及大修理，可以提前预警发现某些可能出现问题的设备，很大程度上减少停产时间，保证企业尤其地铁单位正常的不间断运行。

（5）建立清晰的、动态的设备数据库，提高设备可利用率及可靠性。设备数据库可根据设备的真实情况做出更改，并可以显示设备的使用状态与使用情况，提高设备可利用率及可靠性。

（6）通过故障数据，制定有效维修检修计划，延长设备生命周期。平台可进行故障统计，通过故障统计，能够轻松找出维修频繁的专业，通过对这些维修频繁的专业的管理，并且通过对此的故障分析，找出根源问题所在，能够控制维护及维修费用。并能够通过有计划的检修延长设备生命周期。

（7）跟踪管理设备使用、维护的历史信息，为编制合理高效的维护计划提供数据支持。
平台可记录和跟踪设备的使用和维修历史信息，通过对这些信息的分析，能够大致估计该设备的服役使用年限，以及编制高效合理的维护检修计划。

（8）提高对供应商和保修厂家的管理。平台可将供应商和保修厂家与其供应和负责的设备关联在一起，并能够快速查询供应商和保修厂家基本信息。通过平台能够分析比较厂家的设备情况，维修率是否过高，企业可以借助平台优选更好的供应商与保修厂家，加强对其的管理，从原始的管理转变为信息管理。

（9）电子化工单申请及派修流程提高工作效率。将地铁公司原始的电话报修转变为通过移动设备报修，大大提高工作的便捷性，并且能够记录申请维修历史和派修历史。可以借此逐渐实现无纸化办公。巡检人员或者客运部人员能够利用移动设备进行现场检查，并能够上传拍照故障情况。通过电子化的派修流程能够很大程度上提高设备维修部门的工作效率，同时让记录信息电子化，资料有据可查。

（10）票务管理信息化。为地铁定制开发的票务管理，可讲每日、每周、每月记录不同需要的票务信息，并能够按照时间筛选统计，将票务管理从原始的方式转化为信息化的管理，随时可查看不同时间段的票务情况。

（11）BIM 提升设备管理水平。BIM 提供空间信息，基于 BIM 的可视化功能，可以快速找到该设备或是管线的位置以及附近管线、设备的空间关系。BIM 模型能够提供空间管理的"面积"和"位置"这两个重要信息,为资产管理提供数据支持,BIM模型中有这些固定资产的位置,在哪一楼层,哪一房间都是三维可视化显示;BIM模型中的建筑构件和基本设施的使用期限、生产厂家等信息可查阅,为建筑运营期间设施的维护提供一个准确的参考依据。

(12)重要阀门位置的显示。在BIM模型显示并定位阀门位置,阀门位置一目了然,帮助维修人员快速定位阀门位置,紧急情况快速处理。不再需要反复寻找阀门,避免基础管理的缺陷。

(13)运维数据的积累与分析。运维历史数据的积累,对于管理具有非常大的价值,不仅能够辅助判断问题,更能够通过数据来分析目前存在的问题和隐患,也可以通过数据来优化和完善现行的管理。例如:通过历史维修数据的积累,可以辅助决策后建设的车站设备选择;通过PDA技术获得电表读数状态,能够积累形成一定时期的能源消耗情况等。

8.6 案例六:金开市政项目

项目登陆界面图如图8-81所示。

图8-81 登陆界面图

8.6.1 项目概况

金桥经济技术开发区(以下简称金桥开发区)是1990年9月经国务院批准设立的国家级经济技术开发区,规划面积27.38 km²,分为北区和南区,北区约20 km²,南区约7.4 km²,其中南区2.8 km²于2001年9月经国家海关总署批准设立为海关监管区。为提高金桥开发区基础设施维管理效率和运营维保水平,业主单位引进BIM技术,以实现基础设施运维过程中的信息化管理。

8.6.2 BIM 运维平台应用点

1）BIM 模型查看

（1）构件信息查询。

（2）按 XYZ 轴剖切-截面分析。

（3）设备定位、高亮显示。

（4）查看房间分布图。

（5）机电设备信息记录。

（6）照片和构件关联。

（7）查看房间分布图。

2）BIM 模型信息显示

（1）构件隔离，隐藏，显示所有构件。

（2）设备上下游关系关联。

（3）路隔：路隔之间可查看车行道宽、人行道款、材质等信息。

（4）管道：可查看埋深、管径、管道类型、位置等信息。

（5）截面：地面结构分层，点击可看相关属性（厚度、材质）。

（6）路面设施：为选中，不能定义为一整个路段。

3）BIM 模型数据处理

（1）设施 BIM 模型轻量化在线展示。

（2）空间使用统计分析。

（3）模型测距。

（4）模型浏览功能汉化。

（5）模型上的构件和百度地图、全景图的交互。

8.6.3 市政 BIM 运维平台核心内容

BIM 运维平台核心内容如图 8-82 所示。下面就核心内容展开说明。

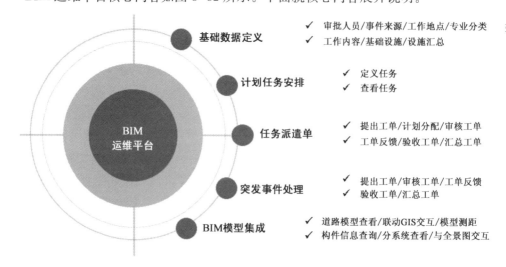

图 8-82　运维平台核心内容

1) BIM 与 GIS 集成

利用 GIS 地图技术与 BIM 技术相结合,整体把控管辖片区情况(图 8-83)。

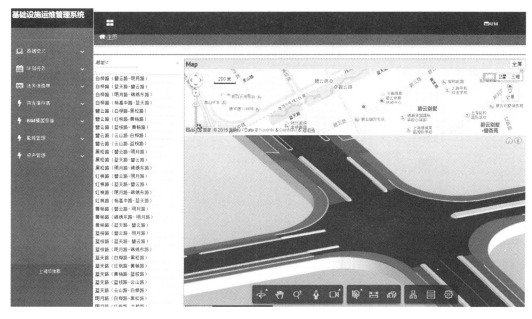

图 8-83　BIM 与 GIS 集成

2) 模型距离测量

可在模型中直接测量距离、角度,便于快速查看数据(图 8-84)。

图 8-84　距离测量

3）维护管理＋移动端应用

维护养护工作是后期运维工作量最大的一个工作，包括了计划性维护与应急性维护，跟踪记录运维历史数据，在 BIM 模型中将维护计划与应急事件相关联（图 8-85、图 8-86）。

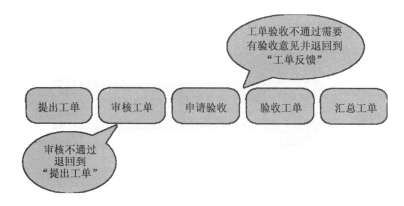

图 8-85　工单管理流程

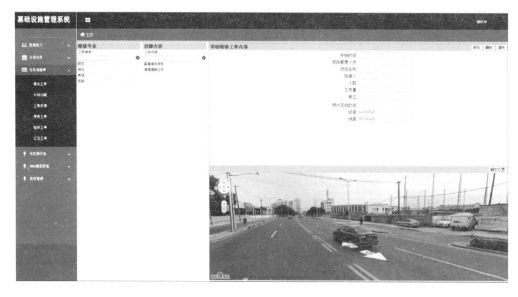

图 8-86　维护管理

4）模型参数管理

查看设备资产的 BIM 模型，挂接设备信息、文本、链接以及图片等富媒体数据。可自行赋予模型管理参数，提升管理数字化程度，随时更新道路管理信息（图 8-87）。

8.6.4　市政 BIM 运维平台价值点

（1）提升管理水平。将计划工作任务和应急工作任务，流程化电子化，提供工作效率，有序有计划的安排工作。

（2）应对突发事件。突发事件立即处理，避免出现大量不良事故。

（3）迅速发现处理问题。与 GIS 结合，直观准确的反应事情发生情况，有助于准确迅速处理问题。

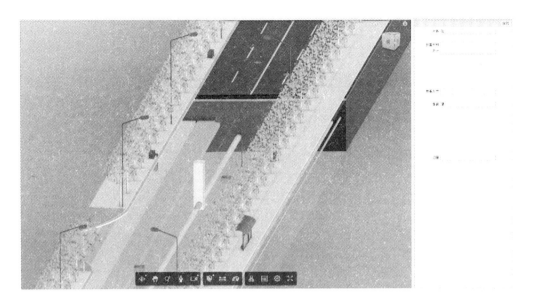

图 8-87 模型参数管理

（4）市政管理大胆创新。道路运维与 BIM 结合，市政管理领域的创新尝试，有效的辅助管理工作。

附录 A 中国 BIM 应用研究调查问卷

尊敬的先生/女士：

我们是上海财经大学的博士研究生，该调查问卷旨在了解我国建筑业对 BIM 技术应用的基本现状和未来展望，尤其是 BIM 在大型复杂建筑工程的应用情况和优势。调查问卷仅作为本人写作调查报告的材料进行分析使用，所有的问卷调查人和其公司姓名将不会出现在论文当中。如您需要，本人将会把分析所得调查报告备份交由您查阅。

填写说明：请在适当的位置上打"√"。

第一部分：BIM 应用情况

1. 了解 BIM 吗？

非常了解	比较了解	一般	听说过	不知道

2. 您使用 BIM 的基本方式？

没有使用 BIM	使用 BIM 工具分析模型但不建造模型	通过 BIM 建造模型	建造同时也分析模型

（追问）2.1 若没有使用 BIM，您对 BIM 的态度是：

使用过但以后不想再使用	没有使用过			
	同时也不感兴趣	希望进一步加深了解	认为 BIM 非常有用但还没有具体实施	开始关注 BIM

3. 若您应用过 BIM，请问您使用过的时间为：

不足 1 年	1 年	2 年	3 年	4 年及以上

4. 若您应用过 BIM，请问您使用的项目类型：

小型项目面积为	中型项目面积为	大型项目面积为	简单项目（外形简单并且参与人不多）	复杂项目（外形复杂，参与人众多）

5. 若您应用过 BIM,请问您应用的整体效果:

没有效果	效果一般	初见成效	效果较明显	效果非常明显

6. BIM 的使用对您业务能力或价值方面的影响促进作用如何:

负面影响	没有影响	有限的促进	还有待进一步提高	足够多的促进

7. 在组织内部,您认为实施 BIM 所获取收益的相对重要程度?

内　　容	非常重要	比较重要	一般	不重要	不清楚
减少了施工图的错误和遗漏					
减少了索赔和诉讼争端					
缩短了整个项目工期					
持续获得老客户的项目					
有助于开拓新的市场和业主					
降低了施工成本					
减少了返工					
信息反馈及时,合作效率增强					
增加了利润					
通过 3D 可视化实现多方沟通理解					
保障了施工现场安全					
有助于实现建筑物的可持续性					

8. 为了从 BIM 中获得更大的商业价值或收益,您认为下列提升途径相对重要程度如何?

内　　容	非常重要	比较重要	一般	不重要	不清楚
增强各应用软件之间的交互性					
降低 BIM 软件的成本					
降低硬件及维护费用					
扩展和完善 BIM 软件的功能					
3D 建筑软件服务商的营销努力					
外部组织对 BIM 技能的推动					
员工对 BIM 技能的掌握程度					
支持 BIM 和协作的合同管理规定					

内　容	非常重要	比较重要	一般	不重要	不清楚
业主对 BIM 应用的更多需求					
建筑业自身的变革					
简单有效的 BIM 培训					
移动设备对 BIM 数据集成的支持					
参与各方对 BIM 交付物清晰的权责界定					

9. 在我国实践中,您认为参与各方谁应该是 BIM 推广的主要推动者?

相关方	非常重要	比较重要	一般	不重要	非常不重要
业主					
设计院					
承包商					
软件开发商					
BIM 咨询顾问					
政府					
最终用户					

10. BIM 在项目实施中,您认为下列因素对 BIM 价值成功影响程度如何?

内　容	非常重要	比较重要	一般	不重要	不清楚
项目复杂程度					
项目规模					
项目进度					
项目预算					
项目区域位置					
应用软件交互性					
软件我国规范的支持程度					
支持 BIM 或协作的合同约定(包括信息共享、责权利)					
项目中具有熟知 BIM 设计的专家					
项目中具有熟知 BIM 的施工企业					
具有熟知 BIM 的业主					
参与各方成员组成协同的团队					
丰富先前经验					
高层管理者领导力					
对应用 BIM 项目效益可见的度量					

11. 您认为 BIM 在项目各阶段中所体现的价值贡献程度如何？

项目各阶段内容	非常高	比较高	一般	不高	不清楚
方案设计					
扩初设计					
施工图设计					
施工前准备					
施工					
运营维护					

12. 在 BIM 实施中，您认为下列参与者所获得的收益程度如何？

各参与者	非常高	比较高	一般	不高	不清楚
建筑师					
结构工程师					
MEP 工程师					
监理工程师					
业主/客户					
总承包商					
专业分包商					

13. 下面哪项描述更符合您本人在贵单位的工作职能：

设计企业		施工企业		业主	软件服务商	管理咨询公司	监理单位	其他
建筑师	工程师	总承包商	专业分包商					

附录 B 调查数据统计

(1) 您了解 BIM 吗?

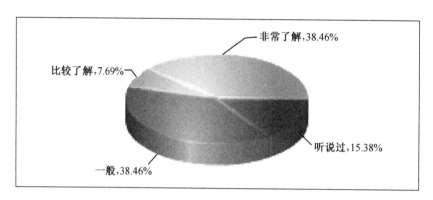

(2) 您使用 BIM 的基本方式?

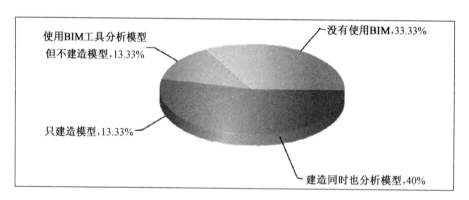

(3) 您对 BIM 的态度是:

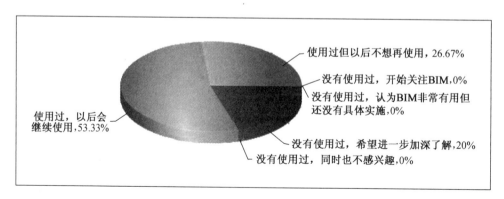

（4）若您使用过 BIM,您使用的项目类型：

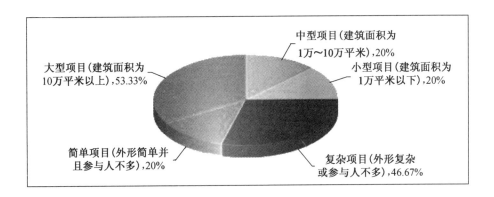

（5）若您应用过 BIM,您如何评价 BIM 的应用效果？

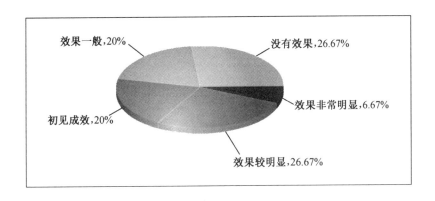

（6）通过 BIM 实践应用,您认为获得的最大价值有哪些？

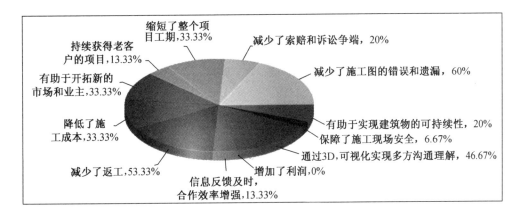

（7）为了从 BIM 获得更大的商业价值,您认为下列途径的相对重要程度如何?

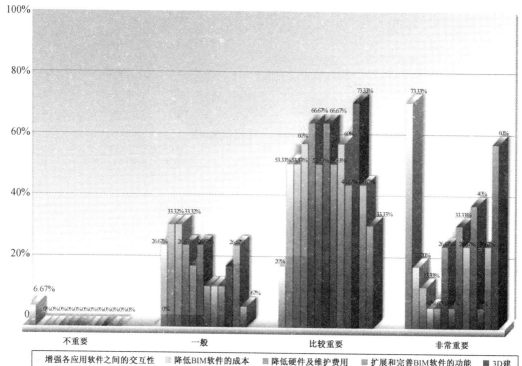

（8）您认为下列阶段最能体现 BIM 的价值?

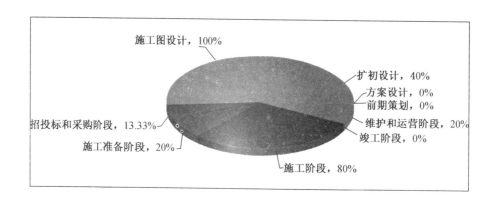

（9）您认为在下列因素中,影响 BIM 在项目中应用的效果和深度的影响度如何?

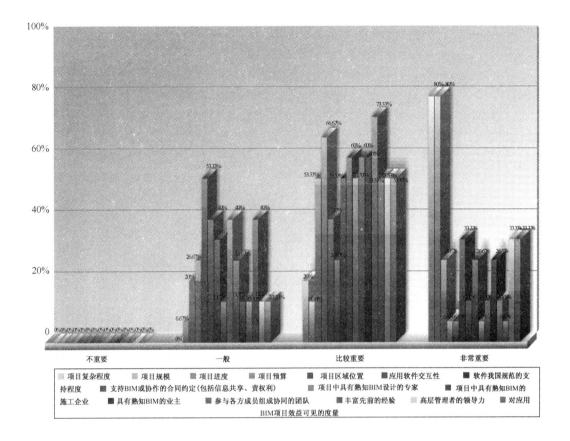

（10）在我国实践中,您认为谁在 BIM 的最主要推动者?

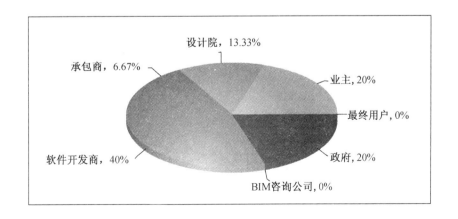

（11）您认为 BIM 应用对下列参与者的受益程度如何？

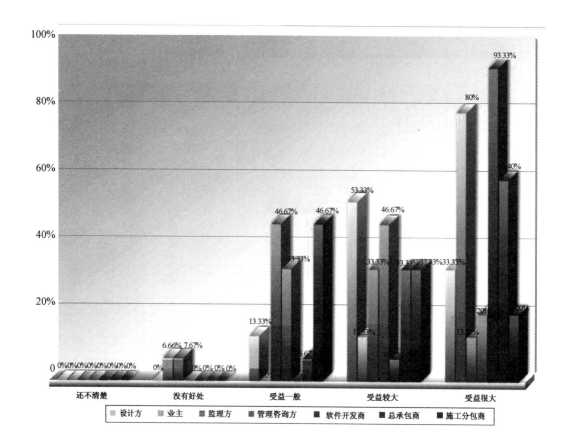

（12）下列哪一项最能说明您所在单位的职能？

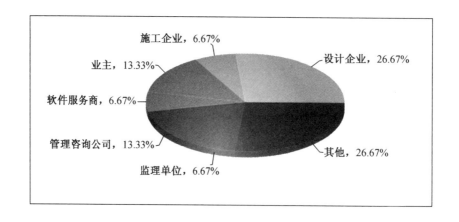

参 考 文 献

［1］ Andy K D Wong. Attributes of Building Information Modelling Implementations in Various Countries[J]. Architectual Engineering and Design Management，2010（6）：288-302.

［2］ Arto Kiviniemi，VTT. Review of the Development and Implementation of IFC compatible BIM[R]. 2008.

［3］ Autodesk：BIM's Return on Investment[R]. Revit Building Information Modeling，2007.

［4］ Bilal Succar. Building information modelling framework：A research and delivery foundation for industry stakeholders[J]. Automation in Construction，2009，18(3)：357-375.

［5］ Brittany Giel，Raja R A Issa. BIM Return on Investment：A case Study. Journal of Building Information Modelling[M]，Spring，2011：24-27.

［6］ Burcin Becerik-Gerber，Karen Kensek. Building Information Modeling in AEC：Emerging Research Directions and Trends[J]. Journal of Professional Issues in Engineering Education and Practice，2010(7)：139-146.

［7］ Chuck Eastman. The Use of Computer Instead of Drawings[J]. AIA Journal，1975，63(3)：46-50.

［8］ Chuck Eastman. Building Product Models：Computer Environments Supporting Design and Construction[M]. Florida：CRC Press LLC，1999.

［9］ Chuck Eastman. The Use of Computer Instead of Drawings[J]. AIA Journal，1975，63(3)：46-50.

［10］ Chuck Eastman. What is BIM[CB/OA]. [2007-12-10]. http://www. facility information council. org/bim.

［11］ C Eastman，P Teicholz，R Sacks，K Liston. BIM Handbook：A Guide to Building Information Modeling for Owners，Managers，Designers，Engineers and Contractors [M]. NY：John Wiley and Sons，2008.

［12］ Dana K Smith. Building Information Models：A Strategy for the Real Property Industry[M]. Building Smart Alliance，2007.

［13］ David J Harrington. The Implementation of BIM Standards at the Firm Level[J]. 2010 Structures Congress：1645-1651.

［14］ Dean B Thomson，Ryan G Miner. Building Information Modeling-BIM：Contractual Risks are changing with Technology. www. aepronet. com，2010.

［15］ Ellmann S. Management of complex projects：invisable structures，coordination and recommendations for management[C]. Proceedings of the 22nd IPMA World Congress, Roma：Animp Servizi Srl，2008：127-132.

[16] Fan Hongqin，Guo Hongling. Opportunities and Challenges of BIM Implementation：Current Practice in Hong Kong[J]. 2010,2(3)：59-65.

[17] Franklin D Lancaster，John Tobin. Integrated Project Delivery：Next-Generation BIM for Structural Engineering[C]. 2010 Structures Congress：2809-2818.

[18] Guillermo Aranda-Mena. Building Informationg Modeling Demystified：Does It Make Business Sense to Adopt BIM[C]. International Conference on Information Technology in Construction，2008.

[19] Harold Kerzner. Stragetic Planning for Project Management Using a Project Management Maturity Model[M]. John Wiley & Sons, Inc. ，2001.

[20] Ian Howell，Bob Batcheler. Building Information Modeling Two Years Later-Huge Potential[R]. Some Success and Several Limitations，2005.

[21] John E Taylor，Phillip G. Paradigm Trajectories of Building Information Modeling Practice in Project Networks[J]. Journal of Management in Engineering，2009(4)：69-76.

[22] John Kunz,Martin Fischer. Virtual Design and Construction：Themes, Case Studies and Implementation Suggestions[M]. Stanford：Center for Integrated Facility Engineering，2005.

[23] Ju Gao，Martin Fischer . Framework and Case Studies Comparing Implementations and Impacts of 3D/4D Modeling Across Projects[C]. Stanford：Center for Integrated Facility Engineering，2008.

[24] Leon L Foster. Legal Issues and Risks Associated With Buiding Information Modeling Technology[D]. The degree of Master's of Science in Architectural Engineering in the University of Kansas，2009.

[25] Markus K，Louis K. Projects as difference-towards a next practice of complex project management[C]. Proceedings of the 22nd IPMA World Congress, Roma：Animp Servizi Srl，2008：158-162.

[26] McGraw-Hill Construction. Green BIM：How BIM is Contributing to Green Design and Construction[R]. Smart Market Report，2010.

[27] Na Lu，Thomas Korman. Implementation of Building Information Modeling in Modular Construction：Benefits and Challenges[R]. Construction Research Congress 2010：1136-1145.

[28] National Institute of Building Sciences，National Building Information Modeling Standard[C]. 2008.

[29] Norbert W Young Jr，Stephen A Jones，Harvey M Bernstein，et al. The Buisiness value of BIM：getting building information modeling to the bottom line[M]. New York：McGraw-Hill Construction，2009.

[30] Norbert W Young Jr，Stephen A Jones，Harvey M Bernstein. Building information

modeling：Transforming Design and Construction to Achieve Greater Industry Productivity[M]. New York：McGraw-Hill Construction，2008.

[31] P. Bernstein. Integrated Practice：It's Not Just About the Technology[EB/OL]. http://www. aia. org/aiarchitect/thisweek05/tw0930/tw0930bp_notjusttech. cfm，2008-06-22.

[32] Rizal Sebastian. BIM Application for Integrated Design and Engineering in Small-Scale Housing Development：A Pilot Project in the Netherlands[J]. International Symposium，2009：4-11.

[33] Stephen P，Hedley S. The management of complex projects：a relationship approach [M]. London：Wiley-Blackwell. 2006.

[34] Tamera L McCuen，Patrick C Suermann，Matthew J. Krogulecki. Evaluating Award Winning BIM Projects Using the National Building Information Model Standard Capability Maturity Model[J]. Journal of Management in Engineering，2011(3).

[35] Taylor J E，Bernstein P. Paradigm trajectories of building information modeling practice in project networks[J]. Journal of Management in Engineering，2009，25 (2)：69-76.

[36] Timo Hartmann，Martin Fischer. Applications of BIM and Hurdles for Widespread Adoption of BIM：2007 AISC-ACCL eConstruction Roundtable Event Report[R]. Stanford：Center for Integrated Facility Engineering，2007.

[37] Van Leeuwen J P，Fridqvist S. An information model for collaboration in the construction industry[J]. Computers in Industry，2006，57(8)：809-816.

[38] Van Leeuwen J P，van der Zee A. Distributed object models for collaboration in the construction industry[J]. Automation in Construction，2005，14(4)：491-499.

[39] Willam Kymmell. Building Information Modeling-Planning and Managing Construction Projects with 4D CAD and Simulations[M]. New York：McGraw-Hill Companies，Inc. ，2008.

[40] Wei Yan，Charles Culp，Robert Graf. Integrating BIM and Game for Real-time Interactive Architectural Visualization[J]. Automation in Construction，2010(11)：1-13.

[41] Youngsoo Jung，Mihee Joo. Building Information Modeling（BIM）framework for Practical Implementation[J]. Automation in Construction，2011,20(2)：126-133.

[42] 陈旭,李佳齐. 建设工程项目信息管理综述[J].科技视界,2012(5):116-117.

[43] 陈瑜,罗晟,等. 政府投资大型复杂项目总体项目管理框架研究[J]. 工程管理学报,2012(5):57-61.

[44] 程好,刘洪岩. 大型集群项目的 POS 分析——世博会工程项目的研究[J]. 建筑施工,2005,27(2):53-58.

[45] 丁士昭. 建设工程信息化导论[M]. 北京:中国建筑工业出版社,2005.

[46] 董磊,张洋.建筑信息模型(BIM)的衡量标准与特征研究[J]. 山西建筑,2014,40(17):265-266.

[47] 方立新,周琦,董卫. 基于 IFC 标准的建筑信息模型[J].建筑技术开发,2005,32(2):98-108.

[48] 冯海东. 建设工程项目信息管理在施工中的应用[J]. 山西建筑,2013(8):250-253.

[49] 葛清. 从业主的角度看 BIM——BIM 在上海中心的全过程运用研究[R]. 2012.

[50] 郭晓雷,张洋. 工程项目"集成化建设模式"的特征研究[J]. 山西建筑,2014.

[51] 何关培. 检验 BIM 的五大标准[EB/OL]. [2009-09-08]http://blog. sina. com. cn/s/ blog_620be62e0100fahh. html.

[52] 何关培. 2011 年中国工程建设 BIM 应用研究报告[R/OL]. http://blog. sina. com. cn/s/blog.

[53] 何清华,韩翔宇. 基于 BIM 的进度管理系统框架构建和流程设计[J]. 项目管理技术, 2011(9):96-99.

[54] 黄亚斌. 企业级 BIM 应用实施步骤[J]. 土木建筑工程信息技术,2011(3):56-59.

[55] 蒋卫平,李永奎,何清华. 大型复杂工程项目组织管理研究综述[J]. 项目管理技术, 2009(12):20-23.

[56] 乐云. 大型复杂群体项目实行综合管理的探索与实践[J]. 工程质量:2011(3):27-31.

[57] 乐云,蒋卫平. 大型复杂群体项目系统性控制五大关键技术[J]. 项目管理技术,2010 (8):19.

[58] 李恒等. BIM 在建设项目中应用模式研究[J]. 工程管理学报,2010(5):527-529.

[59] 李亚东. 基于 BIM 实施的工程质量管理[J]. 施工技术,2013(8):20-22.

[60] 李琼,胡慧. 建筑工程项目管理分析[J]. 合肥工业大学学报,2006(20):83-86.

[61] 李永奎,乐云,等. 大型复杂项目组织网络模型机实证分析[J]. 同济大学学报,2011 (6):930-932.

[62] 刘婧. 全寿命周期的项目管理模式探析[J]. 科技创新与应用,2012(30).

[63] 刘明,鲍学英. BIM 在建设工程领域中的应用暨发展方向研究[J]. 2015,33(2):67-70.

[64] 刘照球,李云贵. 建筑信息模型的发展及其在设计中的应用[J]. 建筑科学,2009,25 (1):96-99.

[65] 卢勇. 基于互联网的工程建设远程协作的研究[D]. 上海:同济大学,2004.

[66] 罗东. 工程项目管理[J]. 山西建筑,2007(18):202-203.

[67] 马丽仪,邱菀华. 大型复杂项目风险建模与熵决策[J]. 北京航空航天大学学报,2010 (2):184-187.

[68] 马仁俭. 中国建筑工程项目管理模式调整研究[R]. 哈尔滨工业大学:2003.

[69] 马智亮. BIM 技术及其在我国的应用问题和对策[J]. 信息化,2010(2):12-15.

[70] 牛博生. BIM 技术在工程项目进度管理中的应用研究[D]. 重庆:重庆大学,2012.

[71] 秦军. 建筑设计阶段的 BIM 应用. BIM 服务,160-163.

[72] 邱奎宁. IFC 标准在中国的应用前景分析[J]. 建筑科学. 2003,19(2):62-64.

[73] 邱奎宁,王磊. IFC 标准的实现方法[J]. 建筑科学,2004,20(6):76-78.

[74] 沈洪波. 国内外项目管理模式研究[J]. 中外建筑,2010(9).

[75] 苏康,张星. 基于全寿命周期的建设项目界面管理[J]. 建筑经济,2006(7):73-75.

[76] 孙琳琳. 工程项目管理模式的研究探索[D]. 山东:山东科技大学,2006.

[77] 孙悦. 基于 BIM 的建设项目全生命周期信息管理研究[D]. 哈尔滨:哈尔滨工业大学,2011.

［78］谭泽迅.基于 BIM 技术构建工程项目信息管理模式探讨［J］.现代商贸工业,2013(7)：171-173.

［79］王广斌,张洋,姜阵剑,等.建设项目施工前各阶段 BIM 应用方受益情况研究［J］.山东建筑大学学报,2009,24(5):438-442.

［80］王广斌.同济大学中国 BIM 应用调研报告(2011 年)［R］.上海:同济大学工程管理研究所,2011.

［81］王友群.BIM 技术在工程项目三大目标管理中的应用［D］.重庆:重庆大学,2012.

［82］徐奇升,苏振民.IPD 模式下精益建造关键技术与 BIM 的集成应用［J］.建筑经济,2012(5):90-93.

［83］徐韫玺,王要武,姚兵.基于 BIM 的建设项目 IPD 协同管理研究［J］.土木工程学报,2011(12):138-142.

［84］晏永刚,任宏.大型工程项目系统复杂性分析与复杂性管理［J］.科技管理研究,2009(6):303-305.

［85］杨得馨.工程项目管理模式的对比分析研究［J］.价值工程,2010:42.

［86］杨守华.大型建设工程项目管理成熟度模型研究［D］.上海:同济大学,2008.

［87］张连营,赵旭.工程项目 IPD 模式及其应用障碍［J］.项目管理技术,2011(1):13-17.

［88］张茜茜.大型复杂项目管理总体策划研究［D］.山东:山东科技大学:2011.

［89］曾旭东,谭洁.基于参数化智能技术的建筑信息模型［J］.重庆大学学报:自然科学版,2006,29(6):107-110.

［90］曾旭东,赵昂.基于 BIM 技术的建筑节能设计应用研究［J］.重庆建筑大学学报:自然科学版,2006,28(2):33-35.

［91］张慧萍.基于全寿命周期理论的绿色建筑成本研究［D］.重庆:重庆大学,2012.

［92］张建平,胡振忠.基于 4D 技术的施工期建筑结构安全分析研究［J］.工程力学,2008,25(Ⅱ):204-211.

［93］张建平,梁雄.基于 BIM 的工程项目管理系统及其应用［J］.土木建筑工程信息技术,2012,4(4):1-6.

［94］张树捷.BIM 在工程造价管理中的应用研究［J］.建筑经济,2012(2):20-24.

［95］张晓菲.探讨基于 BIM 的设计阶段的流程优化［J］.工业建筑,2013,07:154-158.

［96］张洋.基于 BIM 的建筑工程信息集成与管理研究［D］.北京:清华大学,2009.

［97］张洋.基于 BIM 的工程项目集成化建设理论及关键问题研究［D］.上海:同济大学,2010.

［98］郑薇.房地产开发项目投资决策研究［D］.大庆:东北石油大学,2012.

［99］中国房地产业协会商业地产专业委员会.中国商业地产 BIM 应用研究报告［R］.2010.

［100］何关培.BIM 总论［M］.北京:中国建筑工业出版社,2011.

［101］应宇垦.BIM 技术引爆施工信息化潮流［R］.上海:中国建设信息,2010.

［102］丁士昭.建设工程信息化导论［M］.北京:中国建筑工业出版社,2005.

［103］马智亮,吴炜煜,彭明.实现建设领域信息化之路［M］.北京:中国建筑工业出版社,2002.

［104］ Autodesk Asia Pte Ltd. Autodesk Revit MEP 2012［M］.上海:同济大学出版

社,2012.

[105] 俞传飞. 数字化信息集成下的建筑、设计与建造[M]. 北京:中国建筑工业出版社,2008.

[106] 张建平,曹铭,张洋. 基于 IFC 标准和工程信息模型的建筑施工 4D 管理系统[J]. 工程力学,2005,22(增).

[107] 张鹏飞. 绿色节能技术在世博央企总部基地办公楼的应用[J]. 绿色建筑,2014,6(2):13-16,20.

[108] 宝琦. 基于 BIM 的工业建筑协同设计[J]. 工业建筑,2010.

[109] 张鹏飞,应宇垦. 上海虹桥枢纽商务核心区丽宝项目 BIM 技术实用性分析[J]. 建筑技艺,2016(6):54-59.

[110] 马景月. 城市地下空间与开发利用规划[J]. 地下空间,2002(9):200-208.

[111] 梁利. MJS 工法在轻轨车站换乘通道中的工程实践[J]. 地下空间与工程学报,2012(2):135-138.

[112] 宋锐. 浅谈 MJS 工法的施工原理及应用[J]. 城市建设理论研究,2012(34).

[113] 范治国. MJS 工法在城市轨道交通建设中的应用[J]. 施工技术与应用,2004:428-429.

[114] 张鹏飞. 上海世博央企总部基地超大型地下空间 BIM 技术应用研究和分析 [J]. 建筑工程技术与设计,2014(1):28-30.

[115] 张鹏飞. BIM 技术在上海穿越共同沟地下通道建设中的应用分析[J]. 土木建筑工程信息技术,2015(4):10-14.